"十四五"时期国家重点出版物出版专项规划项目

量子通信系统设计与实现

刘敦伟 冯杰鸿 马 喆 著

北京航空航天大学出版社

内 容 简 介

本书以发展的眼光看待通信技术,介绍传统保密通信的一些困境,以及量子通信的重要意义和发展战略,将量子通信的主要协议和方案择重点进行讲解,并介绍量子通信系统实现过程中的关键技术、部分攻击和防御方案,以及量子通信网络的建设情况,以典型量子通信系统为例,概述了相关系统的构建。

本书可作为高等院校量子信息领域相关专业低年级学生的入门教材,也可供从事相关领域研究的工作人员参考。

图书在版编目(CIP)数据

量子通信系统设计与实现 / 刘敦伟,冯杰鸿,马喆著. -- 北京：北京航空航天大学出版社,2022.5
ISBN 978 - 7 - 5124 - 3776 - 0

Ⅰ. ①量… Ⅱ. ①刘… ②冯… ③马… Ⅲ. ①量子力学－光通信－系统设计 Ⅳ. ①TN929.1

中国版本图书馆 CIP 数据核字(2022)第 062721 号

量子通信系统设计与实现

刘敦伟 冯杰鸿 马 喆 著

策划编辑 董宜斌 责任编辑 杨 昕

*

北京航空航天大学出版社出版发行

北京市海淀区学院路 37 号(邮编 100191) http://www.buaapress.com.cn
发行部电话:(010)82317024 传真:(010)82328026
读者信箱：copyrights@buaacm.com.cn 邮购电话:(010)82316936
三河市华骏印务包装有限公司印装 各地书店经销

*

开本:710×1 000 1/16 印张:12.75 字数:257 千字
2022 年 5 月第 1 版 2022 年 5 月第 1 次印刷
ISBN 978 - 7 - 5124 - 3776 - 0 定价:79.00 元

前　言

信息技术的不断发展,给人们的生活带来极大便利,同时也给传统信息安全带来了日益复杂和突出的问题。前沿信息技术应用的不断深化,将改变现有信息管理和系统应用的模式,并可能使攻击者采取更加多元的攻击手段,从而导致人们对信息网络结构安全、数据安全和信息内容安全的担忧日益增加。更为重要的是,信息安全不仅关系信息自身的安全,更对国家的政治、军事、经济和文化等安全具有重大战略价值。

保密通信作为信息安全的"骨灰级元老",一直伴随着人类的发展,自古至今都极具价值,常常伴随战争的发展,也在很多时候决定着战争的走势。保密通信要达到的目的无非有两个:其一是尽可能不被窃取;其二是即使被窃也不会被破解。而传统的保密通信手段存在密钥产生和密钥分发两个安全性问题。尤其是在面临新的加密破解方法和量子计算等不对等计算优势时,传统保密通信或将形同虚设。

克劳德·艾尔伍德·香农在信息论中认为:如果产生的密钥没有规律可言,并且只用一次,那么相同长度的密钥可以绝对安全地加密信息。怎么才能实现一次一密呢?量子通信给出了答案。量子通信基于量子力学基本原理,产生量子随机密钥,并利用量子信道实现密钥分发,从而可实现理论上绝对安全的一次一密。随着信息安全产业的发展,量子通信的重要价值不言而喻,世界各国从政府部门到研究机构,都给予其非同一般的关注:政府部门出台政策支持,科研机构推动技术研发。迄今为止,包括我国在内的世界主要国家,都在角逐量子通信技术和量子通信系统网络发展的主导地位。

近来,量子通信的发展愈加丰富,但一般可将具有一定特点的理论协议或者方案大致划分为量子密钥分发(QKD)、量子安全直接通信(QSDC)、量子隐形传态(QT)和量子秘密共享(QSS)等。当然有不少学者的分类方法更为细致,又或者略有不同,但是如果从诸多种类协议或方案中选择出最为熟悉的,那么非 BB84 量子密钥分发协议莫属。中国、美国和日本等国家都在构建或已实现了量子通信干线及网络。

另外,需要直面的是,尽管量子通信在保密通信研究中具有突出的理论优势,但是在实际应用研究中仍然存在安全性和可靠性等问题,所以窃听者总是能够抓住系统存在的任何漏洞,针对实际量子通信中的各种安全隐患进行攻击。未来随着器件工艺和技术瓶颈的突破,研制满足量子通信理论安全要求的器件是必不可少的,但当下,相关研究人员也已从器件选用和协议构建的角度去防御攻击。

从量子通信诞生之初,褒扬和质疑便不绝于耳,新生的事物向来需要经历社会的历练,具有颠覆性价值的技术更是如此。量子通信从 20 世纪 80 年代诞生的第一个协议以来,已经形成了较为完善的技术领域体系和技术发展生态环境,未来仍然需要在此基础上进一步取得突破性进展,从而开发出人们日常生活中看得见、摸得着的保密通信应用。

本书较为系统全面地阐述了量子通信的理论基础、关键技术和典型系统设计内容,可为相关领域工作者和兴趣爱好者提供理论知识、实践方法和参考样例。从通信的发展入手,介绍保密通信的困境,以及量子通信的重要意义;对量子通信的主要协议和方案进行了归纳讲解,并针对量子通信系统实现过程中的关键技术、攻击和防御,以及量子通信网络的建设情况进行了分析;尤以典型量子密钥分发系统设计和实现为例,阐述了量子通信系统的构建。

全书共 10 章。第 1 章量子通信技术发展,介绍量子通信的发展起源和价值,以及目前的研究形势;第 2 章量子力学基础,提供相关研究的部分预备知识;第 3~6 章量子通信理论原理和协议方案,具体涵盖量子密钥分发、量子安全直接通信、量子隐形传态和量子秘密共享;第 7、8 章分别介绍量子通信中部分关键技术和量子通信中一些安全问题;第 9、10 章简述量子通信网络和典型量子密钥分发系统案例。

　　中国航天科工集团的张国万、霍娟、朱云亮、程学彬和姜来对手稿进行了全面仔细的审核，毛磊、王智斌、刘笑华为本书的出版提出了宝贵的意见和建议，在此表示衷心的感谢！全书的编写工作得到了中国航天科工集团同仁的大力支持，在此一并表示感谢！最后感谢北京航空航天大学出版社各位老师认真而全面的校对和对本书付出的精心指导！

　　量子通信领域每隔一段时间就会有大量成果涌出，本书不能以偏概全。另外由于作者水平有限，书中难免存在不妥之处，敬请读者批评指正。

作　者

2022 年 1 月于北京五棵松

常用符号及其含义

L	复向量空间（希尔伯特空间）
a	向量
c	复数
c^*	复数 c 的复共轭
C	复数集合
$\hbar$	约化普朗克常数
δ	克罗内符号
$\mid\rangle$	狄拉克符号
$\mid\varphi\rangle$	量子系统的状态向量（希尔伯特空间中的一个列向量）
$\langle\varphi\mid$	$\mid\varphi\rangle$ 的对偶向量（$\mid\varphi\rangle$ 的转置再进行复共轭）
$\langle\varphi\mid\phi\rangle$	向量 $\mid\varphi\rangle$ 与向量 $\mid\phi\rangle$ 的内积
$\mid\varphi\rangle\otimes\mid\phi\rangle$	向量 $\mid\varphi\rangle$ 与向量 $\mid\phi\rangle$ 的张量积
$\mid\varphi\rangle\mid\phi\rangle$	向量 $\mid\varphi\rangle$ 与向量 $\mid\phi\rangle$ 的张量积缩写
$\hat{F}$	物理量算符
$\langle\hat{F}\rangle$	物理量算符在某向量上的投影平均值
ρ	密度算子
$\left[\hat{A},\hat{B}\right]$	算符 $\hat{A}$ 与算符 $\hat{B}$ 的对易（量子玻松括号）
mod	取余运算
P_n	n 个光子时间的概率
$g^{(2)}(\tau)$	光的二阶关联函数

目　　录

第 1 章　量子通信技术发展

马克思在《资本论》第一卷第十一章中指出："人即使不像亚里士多德所说的那样,天生是政治动物,无论如何也天生是社会动物。"这个论断深刻地揭示了"人的社会属性",而社会属性的保持需要建立在良好沟通的基础上,日益发展的通信技术为人类的社会属性提供了便利。

1.1　通信技术的发展

通信技术是保障在特定场景中有效信息从一方及时且准确地传递到另一方,甚至是其他多方的技术手段。人们在日常生活和工作中,必不可少地需要进行频繁的通信。从有记载的人类文明以来,伴随着社会的进步,通信技术获得了长足的发展。在此,姑且按照信息载体的不同,简单地将通信技术的变革划分为 4 个阶段(见图 1-1)。

第一阶段:借助器物和声音等传递信息。尤其在文字发明之前,人类只能借助手势、表情、声音,甚至用简单的标记和器物来传递信息,尽管这类信息的传递或局限在视距和听觉等范围,或信息量极为有限,但依然具有重要的意义和实用价值。例如:我国云南景颇族就很善于利用器物实现信息传递,把辣椒送给朋友,以表示自己遇到了很大的麻烦;古代的"烽火"通信,须臾间就能把紧急军情传递到千里之外。诸如此类的通信手段或许不可深究其技术内涵,但是其所具有的简洁方便和直观实用的特点,至今仍然被某些应用场景所采用,如旗语等。

第二阶段:借助文字传递信息。文字的出现,促使通信技术的发展进入了快车道。再加上活字印刷术的发明,使书籍、报纸和杂志等大容量且便利的信息传播手段得以发展,进一步丰富和便利了人们的通信过程。另外,信息传递途径也顺势发生变革,我国早在商代就有利用飞鸽、快马等传递书信、情报的驿传通信,现代逐步演变成全球最大的便捷邮政服务系统。相比于借助器物、手势等传递信息,该通信

1

(a) 峰火台　　　　　　　　　　(b) 印刷术

(c) 电报局　　　　　　　　　　(d) 移动通信设备

图 1-1　通信技术发展代表性图示

技术阶段下的信息保持时间更长久,信息传递更准确,传递的距离范围也更加广阔。

　　第三阶段:借助电子信息技术传递信息。麦克斯韦发现电磁波,赫兹验证电磁理论,从而催生了电子技术。在巨人的肩膀上,俄国物理学家波波夫和意大利物理学家马可尼发明了无线电通信,给信息插上了"翅膀",邮政电报系统能够瞬间将文字传递到地球的任何一个地方。贝尔发明电话,实现万里之外的实时声音通信,进一步缩短了人类相互沟通和交流的距离。电子信息技术的发展,打破了通信过程中时空的限制,是人类通信技术发展史上的重要里程碑。

　　第四阶段:借助网络通信传递信息。随着计算机技术与电子技术齐头并进、互促发展,滋养了信息共享和快速交换理念,其孕育的互联网可容纳包括语音、图像、视频等形式多样的信息,每个人都有机会在网络的数据"海洋"中找到心仪的"贝壳"。无线通信源于 20 世纪 70 年代末,美国贝尔实验室开发了 AMPS 系统,实现了真正意义上可以随时随地通信的大容量蜂窝移动通信系统,该系统开启了个人移动通信领域,也注定了移动互联网的未来。此后,移动通信的发展便步入了"快车道",

例如：从 2G 的 GSM、CDMA 通信技术，到 3G 的 CDMA2000、WCDMA、TD - SCDMA 通信技术，再到现在的 4G 和 5G，甚至"襁褓"中的 6G 通信技术等，让人与世界的沟通变得轻而易举。

人类通信从近距离传递到星际交流，从长达数月的书信驿传到瞬间实现天地网络对话，从单纯的符号与声音发送到声音、图像和视频融合分享，通信技术的每一次变革都以"排江倒海、舍我其谁"的姿态彰显并促进着人类文明的进步，为社会带来前所未有的便利，但同时，也让人们日益聚焦通信的安全，实为"幸福的烦恼"。

1.2　保密通信

社会的持续高速发展，让置身其中的人们不断扩张着对于信息的诉求。如今在软硬件设备及系统的支持下，信息的传递主要依赖于数字通信网络，并广泛应用于政治、国防、经济和文化等领域下的各个行业。在满足人们交互和沟通需求的同时，如何有效地保护数据资源，保证通信的安全和质量，已然成为日趋关键的问题。鉴于信息传递在国家和社会生活各个方面中所具有的举足轻重的作用，保障信息的安全传递就是掌握发展的命脉，从而使信息安全研究和保密通信系统的研发理所当然地成为国家之间综合国力角逐的"罗马斗兽场"。

保密通信不仅要求接收者可以获得完整的信息，而且需要保证其他不该知道该信息的人无法截取内容。在现代密码学出现以前，实现这一目标一直是一个极具智力挑战性的难题，在保密通信攻防的璀璨历史星河中，留下了许多经典的案例，并且大量的史实资料也不断诉说着：通信的保密问题常常会决定"战场"上的胜负，会改变社会经济发展的方向和战争演变的走向，从而在某种程度上改变人类历史的轨迹。因此，保密通信在关键时刻的价值愈加不可估量。

在现代密码学出现以后，保密通信从少数人的智力游戏，逐渐演变成一类研究通信保密技术的科学学科，较有成果的保密通信研究者也逐渐成长为密码学家。1949 年，通信历史上不可不提的"信息论之父"——克劳德·艾尔伍德·香农，提出"保密系统的通信理论"[1]，使密码学几乎成为大数学学科的分支。

1.3　密码学

密码学是研究编制密码和破译密码，与信息的机密性、数据完整性、身份鉴别和数据原发鉴别等信息安全问题相关的一门学科。利用了密码学的保密通信,其通信双方通过事先约定的手段,将需要进行加密的信息(称为"明文")转换成难以理解的形式(称为"密文"),这个过程称为加密;接收端将"密文"通过约定的方式逆变换恢复为"明文",这个过程称为解密。由于任何未经许可的第三方并不知道加解密的手段,所以无法从一段杂乱无章的数据中获得有用的信息。

1.3.1　密码学的发展

每一次大规模的战争都会成为密码学发展的催化剂。关于古典密码使用的最早历史记录可以追溯到公元前 5 世纪:在古希腊与波斯的战争中,希腊人在木棍上缠绕一根布条,并在布条上写下文字,布条松开后只能显示出杂乱无章的符号,只有使用相同直径的木棍,将布条重新缠绕,才能恢复出布条上的信息,这就是"Scytale"密码(见图 1-2(a))。公元前 2 世纪,古希腊的波利比乌斯发明了棋盘密码。公元前 1 世纪,欧洲著名的加密方法——凯撒移位算法:将要发送的文字按每个字母固定地在字母表上向前或向后移动几位,移动的位数就是密钥。公元 5 世纪左右,民间团体"共济会"为了便于秘密交流发明了图形密码(九宫格密码)。公元 9 世纪,阿拉伯的密码学家阿尔·金迪,提出解密的频度分析方法,通过分析计算密文字符出现的频率破译密码。公元 16 世纪中期,意大利数学家卡尔达诺发明了"漏隔板"用以加密,实现了分置式密码。公元 16 世纪晚期,英国的菲利普斯利用频度分析法成功破解苏格兰女王玛丽的密码信,信中策划暗杀英国女王伊丽莎白,这次解密将玛丽送上了断头台。

在中国古代也有简密密码学应用于军事的记载,商代著名的军事家姜尚制定的"阴书"应用"一合而再离,三发而一知"的方法,把一份完整的内容分成三份,分别书写在三枚竹简上,并安排三名通信兵每人各持一份送达目的地,只有三名成员都安全到达,才能将原始内容恢复,这样即使中途有一人或两人被捕或泄密,也不会导致信息落入敌方手中。

在第一次世界大战(简称一战)和第二次世界大战(简称二战)中也涌现了许多巧妙的加密和破解技术,例如:20 世纪初,第一次世界大战进行到关键时刻,英国破译密码的专门机构"40 号房间"利用缴获的德国密码本破译了著名的"齐默尔曼电报",改变了战争进程;"Enigma"加密机(见图 1-2(b))是德国在 1919 年发明的一种加密电子器,它被证明是有史以来最可靠的加密系统之一。二战期间它开始被德军大量用于铁路、企业当中,令德军保密通信技术处于领先地位。二战中它的故事至今依然是人们津津乐道的话题,其 1.59×10^{20} 种密钥组合,使得阿兰·图灵和琼·

(a) "Scytale"密码棍

(b) "Enigma"加密机

图 1 - 2 "Scytale"密码棍和"Enigma"加密机

克拉克等破译者名垂青史。二战太平洋战争中,中美盟军破译了日本海军的"九七式"密码机,读懂了日本舰队司令官山本五十六发给各指挥官的命令,在中途岛彻底击溃了日本海军,导致了太平洋战争的决定性转折,而山本五十六也死于此战。

计算机发明以后,现代密码技术得到了飞速发展。计算机以数字电路为基础,人们利用其可以加密以二进制形式存在的任何资料,并且具有更快的计算速度和更大的信息存储量,使得很多新的加密和密码分析手段成为可能。计算机的诞生将人类社会带入了信息化时代,改变了人们的生活方式,也带来了密码学研究的变革,评判一类加密技术的好坏开始倾向于其解密计算的困难程度。现代密码学认为:如果一种加密方法只占用很少的资源,但解密时却需要耗费极大的资源,以至于在当前技术条件下无法快速地解出,那么这种加密方式就是有效而健壮的。

"信息理论之父"香农在 1948 年和 1949 年先后发表了两篇关于通信数学和保密通信理论的文章[1-2],这两篇论文奠定了现代密码学的基础,并吸引了众多年轻学者投身到对它的研究中来。在 20 世纪 70 年代以前,所有的密码系统都是建立在"私钥"原理上运行的,直到 1976 年,美国著名的密码学家 Diffie 和 Hellman 开创性地提出了公开密钥("公钥")密码学的概念。在"公钥"系统中,密钥被分为"公钥"和"私钥"两种,若想由"公钥"推算出配对的"私钥",在计算上是不可行的。"公钥"系统加密技术可以分为两类:一类是基于大数因式分解,其代表算法就是著名的 RSA;另一类是基于离散对数问题的方案,比如椭圆曲线离散对数等。

1977 年,美国国家标准局公布实施了"美国数据加密标准(DES)",军事部门垄断密码的局面被打破,民间力量开始全面介入密码学的研究和应用。民用的加密产品在市场上已有大量出售,采用的加密算法有 DES、IDEA、RSA 等。以 RSA 为例,它是由麻省理工学院的 Ron Rivest、Adi Shamir 和 Leonard Adieman 一起提出的。这是一个非对称加密算法,至今仍然被大量使用,尤其是 1 024 位和 2 048 位的

RSA,被人们广泛认为具有较好的保密性。RSA 的基本思想是：发送方用"公钥"将"明文"加密并发送,而每一个接收者掌握着只有其自己知道的"私钥",并用它来解密。"公钥"是公开的,窃听者可以很容易地知道"公钥"的信息,但是"私钥"是保密的,非法用户无法通过计算解密,因而信息是安全的。RSA 的安全性基于大数因式分解的复杂程度,只要分解越困难,RSA 算法便越可靠。但是这种安全性是具有局限性的,随着计算机技术的发展,计算能力不断提高,特别是分布式算法、量子计算理论和实验的不断成熟,使得经典加密方式的安全性受到了严重威胁。

1.3.2 密码学的分类

1. 按应用技术或历史发展阶段划分

(1) 手工密码

以手工完成加密作业,或者以简单器具辅助操作的密码,叫作手工密码。第一次世界大战前主要采用这种作业形式,有单表代替密码体制、多表代替密码体制和同音代替密码体制等。由于手工密码复杂程度不高,其中大部分是字谜等,带有艺术特征,因而其抗破译能力弱,保密性差。

(2) 机械密码

以机械密码机或电动密码机来完成加解密作业的密码,叫作机械密码。这种密码在第一次世界大战中出现,在第二次世界大战中得到普遍应用。这是随着工业革命的到来而发展起来的加密手段,表现特点是从艺术形式走向了逻辑机械。此阶段就加密技术来说有了一个较大的突破,不再是简单字符顺序的变换,而是采取了对待加密信息进行替代与置换的新式手段。

(3) 电子机内乱密码

通过电子电路,以严格的程序进行逻辑运算,以少量制乱元素产生大量的加密乱数,因为其制乱是在加解密过程中完成的而不需预先制作,所以称为电子机内乱密码。该类密码从 20 世纪 50 年代末期出现到 70 年代才被广泛应用。

(4) 计算机密码

以计算机软件编程进行算法加密为特点,适用于计算机数据保护和网络通信等广泛用途的密码,称为计算机密码。此类密码是当今广泛用于信息保护的一种密码,也就是现代密码。在这个阶段,加密方法与设计更加理论化、科学化与现代化,而且在安全性方面也得到大幅度提高。

2. 按保密程度划分

(1) 理论上保密的密码

不管获取多少密文和有多大的计算能力,对明文始终不能得到唯一解的密码,叫作理论上保密的密码,也叫理论不可破的密码。如客观随机一次一密的密码就属于这种。但是理论上保密的密码具有较大的实用距离,致使现实生活中应用困难,需要进一步攻关相关技术。

(2) 实际上保密的密码

在理论上可破,但在现有客观条件下,无法通过计算来确定唯一解的密码,叫作实际上保密的密码。目前应用的基本属于这一类密码,因为传统技术手段下密码安全和破解能力是一对孪生兄弟,只要尚未被破解且具有实用易操作特点的密码,均被称为实际上保密的密码。

(3) 不保密的密码

在获取一定数量的密文后可以得到唯一解的密码,叫作不保密密码。如早期的单表代替密码,后来的多表代替密码,以及明文加少量密钥等密码,现在都称为不保密的密码。目前此类密码应用较少,逐渐演变成易被某种技术方案破解的“过气”密码。

3. 按密钥方式划分

(1) 对称式密码

信息的发送方和接收方共享相同的密钥,叫作对称式密码。在现代通信环境支撑下,该方式的一个关键问题是如何将密钥安全可靠地分配给通信的对方,并进行密钥管理。因此对称式密码在实际应用中除了要设计出满足安全性要求的加密算法外,还需要解决密钥的产生、分配和传输,以及密钥管理等问题。

(2) 非对称式密码

信息的发送方和接收方采用不同的密钥进行加密、解密,叫作非对称式密码。例如双密钥体制下每个用户都拥有两把密钥,一个公开一个私用。当利用私用的密钥进行加密时,其他用户可以用对应的公开密钥进行解密;当利用公开的密钥进行加密时,有且只有具备私用密钥的用户可以解密。前者惯用于数字签名,后者多用在保密通信。非对称式密码具有加密算法函数单向性优势基础,可广泛用于网络安全,但加解密计算过程相对复杂。

4. 按明文密文形态划分

（1）模拟型密码

明文形态为模拟信号，比如音频信号，采用幅度掩蔽、频域和时域置乱等方法对明文模拟信号进行加密处理，并且信息单元被处理后仍然以模拟信号形态构成密文进行传递，如此对动态范围之内连续变化的信号进行加密的体制叫作模拟型密码。

（2）数字型密码

明文与密文为数字信号，如两个离散电平构成 0、1 二进制关系，结合相应的加密设计从而实现的密码体制叫作数字型密码。数字型密码极为常见，目前我们生活只要涉及私密性的数据传递或者安全通信，几乎均基于数字型密码。

5. 按编制原理划分

密码体制按编制原理可分为移位、代替和置换以及它们的组合形式。如此看来，古今中外的密码，不论其形态多么繁杂，变化多么巧妙，都是按照这三种基本原理编制出来的。

1.4 量子计算与量子通信

开尔文在 1900 年英国皇家学会上演讲时说到："物理世界能做的事情几乎都已经做完了，万里晴空之上只有两朵小乌云让人们感到不安。"这两朵乌云分别是：①无法测量出光相对于以太运动的速度变化；②光的能量在颜色趋向于紫外时似乎变得无穷大，也称为"紫外灾难"，这个无穷大在物理领域是不被欢迎的。为了研究以太里的光速，爱因斯坦引入了狭义相对论，而为了研究黑体辐射的"紫外灾难"，玻尔、海森堡、狄拉克和薛定谔等人提出了量子力学。这两项理论一起被认为是现代物理学"大厦"的两大根本"支柱"。

什么是量子？有人通俗地说，量子是量子力学的简称，其实可以更明确一点：量子是现代物理的重要概念，即一个物理量存在的不可分割的最小的基本单位。自 20 世纪 80 年代以来，量子理论与信息技术相结合，一门新兴的学科——量子信息科学得到迅猛发展，开拓了与经典信息具有本质区别、全新的信息处理方式，成为近年来物理学和信息科学领域最活跃的研究前沿之一。

1.4.1 量子计算的优势

通过对古典密码和现代密码主要内容的简述不难看出,计算技术的发展和算法解析能力的提升,直接影响密码技术的发展和学科建设。然而,科学技术的发展向来不以某一技术的"豁免"意志为转移,随着人们对数学和物理的认识不断加深,基于新物理原理或技术体制的计算技术的快速发展,如同高悬在传统保密通信上方的"达摩克利斯之剑",随时有可能破译现有广泛应用的加密方案,这将给保密通信应用系统带来巨大安全隐患。目前来看,量子计算这把"剑"可铸得尤为"锋利"。

量子计算以量子比特(Qubit)为基本单元,通过量子态的受控演化实现数据的存储和计算。相比经典计算,量子计算由于其并行和可逆计算能力,具有算力更强和能耗更低等特点,比如传统晶体管 1 比特(bit)寄存器在一个时刻只能存储 0 和 1 状态中的一个,而量子计算 1 Qubit 寄存器在同一时刻可同时存储这两种状态,如图 1-3 所示。而且随着 bit 数的增加,量子计算叠加态所能表示的数据呈指数量级发展,如 50 Qubit 的经典数据存储量是 8 192 TB。

(a) 经典比特　　　　(b) 量子比特

图 1-3　量子比特与经典比特示意图

存算一体的量子计算为新体制计算机发展提供了全新的道路,是各国量子领域的研究人员正努力夺取的科研"圣杯"。赛迪智库电子信息研究所发布的《量子计算发展白皮书》中将量子计算的发展分为三个阶段:

第一阶段,20 世纪 80 年代的理论探索时期。量子计算理论萌生于 20 世纪70 年代,80 年代处于基础理论探索阶段。1980 年,Benioff 在其论文中首次提出了微观量子计算哈密顿模型。1981—1982 年期间,Feynman 多次提出利用量子物理系统进行信息处理的设想和讨论。1985 年,Deutsch 算法首次验证了量子计算的并行性。

第二阶段,20 世纪 90 年代的编码算法研究时期。1994 年和 1996 年,Shor 算法和 Grover 算法被分别提出。前者是一种针对整数分解问题的量子算法,后者是一种数据库搜索算法。这两种量子算法在特定问题上展现出优于经典算法的巨大优势,引起了科学界对量子计算的真正重视。

第三阶段,21世纪以来,随着科技企业积极布局,量子计算进入了技术验证和原理样机研制的阶段。2000年,Divincenzo提出建造量子计算机的判据。此后,加拿大D-Wave公司率先推动量子计算机商业化,IBM、谷歌和微软等科技巨头也陆续开始布局量子计算研发。IBM量子计算机外形、稀释制冷机和量子芯片如图1-4所示。

图1-4　IBM量子计算机外形、稀释制冷机和量子芯片

2019年是量子计算发展历史上浓墨重彩的一年。在这一年,IBM公司发布最新的IBM Q System One量子计算机,提出衡量量子计算进展的专用性能指标——量子体积(Quantum Volume),并据此提出了"量子摩尔定律",即量子计算机的量子体积每年增加一倍;谷歌公司用53 Qubit的量子计算机证明了量子计算系统具备某些特殊能力,可击败传统计算机(以2分30秒解决了超级计算机1 000年才能解决的问题),虽然IBM公司持有不同的意见(认为超级计算机不需要这么久,而且谷歌公司的研究不具有通用性),但是本质上已经说明,量子计算机至少在特定问题上极大地超越了传统的超级计算机,这无疑会将人类带去一片从未触及过的新天地。2020年6月,霍尼韦尔量子计算机的量子体积为64,其性能是上一代量子计算机的2倍,它拥有质量最高、错误率最低的可用量子比特,而且实现了相同的、全连接(Fully Connected)的量子比特和精确控制的组合。

目前,主要量子计算研究体系有超导量子干涉环、半导体量子点、离子阱和线性光学元件等几种,如表1-1所列。虽然各类物理体系的研究都取得了较大进展,但最终哪种体系可研制成通用量子计算机尚无定论,尤以超导量子、离子阱和光学体系研究得较为广泛并走在前列,有望率先实现通用量子计算机技术收敛。

表1-1　量子计算机技术体系发展现状

指标　　　体系	超　导	半导体量子点	离子阱	光　学	量子拓扑
比特操作	全电	全电	全光	全光	NA
量子比特数	50+	4	70+	48	0~1

指标 \ 体系	超 导	半导体量子点	离子阱	光 学	量子拓扑
相干时间	50 μs	100 μs	1 000 s	10 μs	无限(理论)
保真度/%	99.4	92	99.9	97	100(理论)
操作时间	50 ns	100 ns	10 μs	NA	NA
可实现门数	1 000	1 000	10^8	NA	NA
主频	20 MHz	10 MHz	100 kHz	NA	NA
相关研究实体	谷歌公司、IBM 公司、英特尔公司、耶鲁大学、苏黎世联邦理工学院(ETH)、北京量子信息科学研究院、浙江大学、南京大学	普林斯顿大学、代尔夫特理工大学、中国科学技术大学	IonQ 公司、美国国家标准技术研究院(NIST)、桑迪亚国家实验室、中国科学技术大学、清华大学	麻省理工学院、中国科学技术大学	微软公司、代尔夫特理工大学、清华大学、北京大学、北京量子信息科学研究院

注:部分数据参考华为和赛迪智库(2020 年)。

1.4.2 传统保密通信中的困难

近来部分主流加密算法和体制被攻破。我国密码学家已经成功破解包括 MD5、HAVAL - 128、MD4、RIPEMD 和 SHA - 1 等在内的主流加密算法或体制。RSA 体制是当今使用最为广泛的"公钥"密码体制,但是基于"格密码"的安全性分析发现,包括 RSA、DSA 等在内的多种密码体制仍存在可被攻击的漏洞,有望在获取更多边缘信息的同时实现完全破解,这些漏洞进一步加深了人们对数学密码安全性的忧虑:目前广泛使用的、并未得到安全性完备证明的数学密码体制,很可能会在未来或者已经在人们意想不到的时候被破译。

"量子计算能力和算法优越性"加剧通信安全威胁形势。正如 1.4.1 小节所说,具有明显不对称计算优势的量子计算近来成果不断,也给经典密码体制带来了前所未有的潜在威胁。Shor 算法可于多项式时间分解大数质因子,时间复杂度为 $O(n^2(\log n)(\log \log n))$,同样对 RSA 等"公钥"密码系统的安全性发起了挑战。Grover 搜索算法的时间复杂度为 $O(\sqrt{N})$,它有可能解决经典数学中所谓的 NP 问题(Non-deterministic Polynomial Problem),即多项式复杂程度的非确定性问题。在 2019 年上半年,谷歌公司和瑞典皇家理工学院联合研究表明:当 2 000 万 Qubit 的量子计算机研制成功时,将在 8 小时内破解 2 048 位 RSA 加密算法。因此,研究可以抵抗量子计算等高性能计算能力攻击的新型保密通信技术体制势在必行。

目前的"私钥"密码体制、"公钥"密码体制等都将面临更新换代的"困境",保密通信被瓦解的时候甚至不会说一声"再见"。根据香农信息论原理,如果真随机数的产生和密钥在线分发问题能够有效解决,那么利用一次一密的方式就可以实现数据传输的绝对保密。但是真随机数的产生和密钥在线分发面临着一系列技术难题或者瓶颈:① 传统数学伪随机数和经典物理随机数存在序列周期性和可复现性等;② 现有的密钥分发过程,需要采用复杂的加密手段和安全协议,限制了密钥分发的速率,安全性也得不到完备性证明。而量子通信系统理论上可以解决真随机数的产生和密钥在线分发问题,从而得到了前沿保密通信技术研究者的高度关注。

1.4.3　量子通信的兴起

针对传统保密通信面临的困难,量子通信技术应运而生。量子通信是指利用量子力学的基本原理或物体的量子特性来实现信息安全传输的一种通信方式,它的理论内容包括量子密钥分发、量子安全直接通信、量子隐形传态和量子秘密共享等。尽管量子通信诞生的时间不长,但许多结论已让科研人员与保密通信技术及应用爱好者激动不已。

量子通信,是较为常见的,通过制备及测量单光子或者纠缠光子,传递量子状态,从而实现保密通信。目前,利用纠缠光子实现量子通信应用的技术尚未成熟,但基于单光子实现的量子通信,尤其是量子密钥分发的技术,已经日臻成熟。量子密钥分发技术利用量子状态的不可复制性和测量后塌缩来保障通信的无条件安全,在其分发过程的任何窃听行为都必然会被发现。以常用的光量子通信方案为例,其量子态载体为不可再分的单光子,是组成光的最基本单元,窃听者不能通过分割光子来窃听信息,加之量子物理基本原理决定了未知单光子状态不能被精确复制和无干扰测量,因此窃听者也不能通过截获并复制光子状态来窃听信息,而且测量必然会对其状态产生扰动,合法通信者便可以利用这一点发现窃听行为。

与任何经典通信安全保障技术完全不同,量子通信是至今唯一得到理论严格证明的、能从原理上确保通信无条件安全的通信技术。其在国防、金融、政务等方面都具有重大的应用价值,被众多专家认为是"保障未来信息社会通信保密性和隐私的关键技术",是"电子政务、电子商务、电子医疗、生物特征传输和智能传输系统等电子服务的驱动器"。因此,西方发达国家的政府、国防部门以及众多国际大公司都竞相发展量子通信技术。量子通信技术如能快速成熟并成功转化,将对信息安全技术和相关产业的发展产生深远的影响。

1.5 国内外量子通信战略

1.5.1 国外战略布局

量子通信作为未来信息通信行业的一个新兴战略性发展领域,已经成为国家科技实力竞争的"主战场"之一。包括美、欧盟、英、俄、日、韩在内的多个国家与组织纷纷布局量子通信发展战略,皆对量子通信研究与应用进行政策、项目支持,量子技术发展竞争形势日益严峻。

1. 美 国

从 20 世纪 90 年代开始,美国便将量子信息技术作为国家发展重点,并于 2000 年之后对量子相关学科建设、人才梯队培养、产品研发及产业化方面进行了大量布局。近年来,美国政府和军方频繁参与量子信息技术发展,认为发展量子信息科学能够保持美国在全球量子技术产业变革中的主导地位,相关重要战略事项如表 1 - 2 所列。

表 1 - 2 美国量子通信技术相关重要战略事项

年 份	事 项
2002	• 国防部高级研究计划局(DARPA)制定了《量子信息科学和技术发展规划》
2007	• DARPA 将量子科技列入战略规划,加大政策支持
2008	• DARPA 启动"微型曼哈顿计划",目标是将研究量子芯片提升至与研制原子弹同等重要的高度
2009	• 国家科学与技术委员会(NSTC)发布了《量子信息科学的联邦愿景》; • 国家科学基金委(NSF)发布了《量子信息科学跨学科研究计划》

年　份	事　项
2012	• 国防部(DOD)发布《2013—2017 年科技发展五年计划》,将量子信息和量子调控列为美国军方六大颠覆性基础研究领域之一
2015	• DARPA 将量子信息科学列入战略投资规划; • 美国陆军研究实验室(ARL)发布了《2015—2019 年技术实施计划》,提出 2015—2030 财年量子信息科学研发目标和基础建设,支持开发多站点、多节点、模块化的量子网络
2016	• NSTC 发布了《推进量子信息科学发展：美国的挑战与机遇》; • 能源部(DOE)发布了《与基础科学、量子信息科学和计算交汇的量子传感器》; • DOD 部长办公室支持《海陆空三军量子科学与工程制造项目(QSEP)》; • NFS 通过量子信息研究(ACQUIRE)项目资助 6 个基础项目打造光量子加密系统
2018	• 特朗普签署《国家量子计划法案》,未来 10 年内投入超过 12 亿美元,用于发展量子计算、量子加密和量子通信等技术; • 白宫科技政策办公室(OSTP)设立"量子信息科学委员会",负责在量子技术上协调形成国家的议事日程; • 众议院科学委员会通过了《国家量子倡议法案》,该法案要求 2019—2023 财年内拨给能源部、国家标准与技术研究所(NIST)、NSF 共计 12.75 亿美元; • NSTC 发布了《量子信息科学国家战略概述》,认为量子信息技术将引领下一场技术革命,给美国国家安全、经济发展和基础科研等带来重大变革; • DOE 宣布投入 2.18 亿美元奖励在量子信息科学上的研究
2019	• 白宫发布了《未来工业发展规划》,将量子信息科学视为美国未来科技和产业发展的四大"基础设施"; • 在白宫发布的《2021 财年政府研发预算重点》备忘录中,将量子信息科学和人工智能并列作为美国希望取得领导地位的未来产业之首; • DOD 发布了脱密版的《量子技术的应用》摘要,概述了量子传感、量子技术和量子通信领域的国防应用价值; • DOE 将提供高达 6.25 亿美元(约 43.05 亿元人民币)的资金,以帮助在 5 年内建立 2～5 个跨学科的量子信息科学(QIS)研究中心

年　份	事　项
2020	<ul><li>白宫 2021 财年预算纲要：大幅增加联邦量子信息科学研发资金，相比 2020 年增加 50%，其中国家科学基金会为 2.3 亿美元，能源部为 2.37 亿美元；</li><li>白宫国家量子协调办公室发布了《量子网络战略远景》，其量子网络为基于量子计算机和其他量子设备构建的庞大网络；</li><li>DOE 拨款 1 200 万美元用于聚变能源的量子信息科学研究；</li><li>美政府问责局（GAO）发布题为《科技聚焦：量子技术》的报告，该报告强调：量子技术可以彻底改变传感器、计算和通信等领域，加强信息安全，但尚未完全发挥作用；</li><li>空军研究实验室（AFRL）启动奖金为 100 万美元的"全球量子技术挑战赛"，旨在研究基于量子技术的全新解决方案；</li><li>AFRL 开展虚拟的"量子对撞机和推销日"活动，专注量子通信、计算、授时和传感；</li><li>陆军发布《美国陆军研发量子战场装备的情况》，对 ARL 量子技术军用情况进行了介绍；</li><li>DOE 发布《从远距离纠缠到建设全国范围的量子互联网》，规划美国第一条全国性量子互联网的战略发展蓝图，提出需重点关注的量子科技应用领域、优先研究方向，以及量子互联网建设的阶段目标；</li><li>美政府发布《关键与新兴技术国家战略》，将"量子信息科学"列为 20 项关键与新兴技术之一；</li><li>白宫科学技术政策办公室成立国家量子计划咨询委员会（NQIAC），国家技术标准局牵头成立量子经济发展联盟（QED - C）支持量子产业发展</li></ul>
2021	<ul><li>美国 NSA 发布题为《量子计算与后量子密码》的文档，概述了量子计算及其与密码学的关系、商业国家安全算法套件、涉密项目商业解决方案和国家信息保障合作伙伴关系以及未来的算法和密码学；</li><li>GAO 发布题为《量子计算与通信：现状和前景》的报告，该报告评估了量子信息技术的潜力、好处和风险，以及可能有助于促进其发展的政策选择；</li><li>众议院提出两项新的量子技术相关法案《量子网络基础设施法案》和《科学技术量子用户扩展法案》，合计 5 年将投资 8.4 亿美元；</li><li>参议院提出《量子网络基础设施和劳动力发展法案》和《2021 年国家量子安全法案》，旨在巩固美国在量子信息科学领域的全球竞争力；</li><li>美国国会研究服务局（CRS）发布《Defense Primer》国防系列报告，探讨了量子技术在军事领域的应用；</li></ul>

年　份	事　项
2021	• DOE 新提供 1 250 万美元,资助伯克利实验室和加州大学伯克利分校建造量子网络测试平台 QUANT‑NET; • DOE 宣布提供 6 100 万美元用于开发新的量子设备和发展量子互联网; • 美国赖特‑帕特森空军基地空军研究实验室(AFRL)被指定为美国空军和美国太空部队的量子信息科学研究中心,这一指定将使 AFRL 能够扩大其在政府、工业和学术界之间的合作,进一步加快量子技术的研究、开发和部署,并进一步推动量子技术在整个空军部队中的应用; • NSF 向多所高校拨款以支持量子领域发展; • 美英澳达成新防务和安全伙伴关系,将在量子技术方面开展合作

2. 欧　洲

欧洲在 20 世纪 90 年代即发现了量子通信技术的巨大潜力,并展相关的基础前沿技术研究。进入 21 世纪,眼看量子战略优势逐渐消散,一些国家加强从战略层面推出相关的规划及技术标准,赖于其基础研究实力,力图在量子领域再次取得突破,并成为未来全球量子通信技术发展战略的重要组成。欧洲量子通信技术相关重要事项如表 1‑3 所列。

表 1‑3　欧洲量子通信技术相关重要事项

年　份	国　别	事　项
2005	欧盟	• 欧盟委员会(CEC)发布了《欧洲量子科学技术》报告
2008	欧盟	• CEC 发布了《量子信息处理与通信战略报告》,提出了欧洲量子通信的分阶段发展目标; • CEC 发布了《关于量子密码的商业白皮书》,开展基于量子密码的安全通信工程合作,启动量子通信技术标准化研究
2013	英国	• 政府宣布投资 2.7 亿美元推动《国家量子技术计划》,支持的机构有国防科学技术实验室
2015	英国	• 政府发布了《国家量子技术战略》,提升量子技术国家战略; • 政府发布了《英国量子技术路线图》,梳理了量子技术 0～5 年、5～10 年和更远期限的技术路线

续表 1 – 3

年 份	国 别	事 项
2016	欧盟	• CEC 发布了《量子宣言(草案)》; • CEC 发布了 10 亿欧元的《量子信息技术旗舰计划》,支持通信、计算、传感和模拟
	英国	• 政府科学办公室发布了《量子技术:时代机会》
2018	欧盟	• CEC 为"地平线 2020 计划"投入 1.32 亿欧元,支持后量子密码学项目(PQCRYPTO)研究
	德国	• 政府发布了《量子技术:从基础到市场》联邦政府框架计划,支持量子技术应用转化
2019	俄罗斯	• 政府发布了《国家量子行动计划》,5 年内国家提供 8 亿美元用于量子技术研究
	英国	• 总理宣布在量子领域投资 12 亿英镑
	荷兰	• 政府发布了《国家量子技术议程》
	欧盟	• CEC 发布了《欧盟量子技术与量子互联网》
2020	荷兰	• 政府声称未来 5 年将投资 2 350 万欧元用于发展量子技术
	俄罗斯	• 政府支持铁路公司在 2024 年前部署 1 万公里的量子网络,计划投资总额为 247 亿卢布(约合人民币 23 亿元)
	德国	• 政府经济复苏计划,未来布局 500 亿欧元重点投资包括量子技术在内的领域
2020	欧盟和北约	• 资助发布了《量子科学:混合战中的颠覆性创新》
	北约	• 北约科技组织(STO)发布了《科技趋势:2020—2040》,量子技术将能显示出其对军事发展的颠覆性推动能力
	英国	• 国防部国防科学与技术实验室(DSTL)发布《量子信息处理技术布局 2020:英国防务与安全前景》,就量子信息技术生态建设,尤其对量子计算机器学习着重关切

年 份	国 别	事 项
2021	欧盟	• 成立欧洲量子产业联盟(QuIC),汇聚了欧洲量子技术行业各个部门的 100 多名成员; • 欧盟发布《2021 年战略前瞻报告》,量子技术被确定为欧盟未来的关键领域,将向量子通信等 9 个领域投入 1 500 亿欧元; • 欧盟所有 27 个成员国全部承诺与欧盟委员会和欧洲航天局(ESA)合作建设一个跨越整个欧盟的安全量子通信基础设施 EuroQCI; • 欧盟发布《2030 数字罗盘:欧洲数字十年之路》计划,讨论部署超安全量子通信基础设施; • 欧洲核子研究中心(CERN)发布《量子技术战略和路线图》,确定了中长期量子研究计划,将探索量子技术为高能物理和其他领域带来的益处;
	爱尔兰	• 都柏林大学牵头启动新的"C - QuEST"量子中心项目; • 爱尔兰国家级信息与通信技术研究机构——廷德尔国家研究所投资数百万欧元成立其第一个量子计算机工程中心(QCEC)
	奥地利	• 奥地利联邦政府资助 1.07 亿欧元,启动"量子奥地利"(Quantum Austria)项目,旨在加速发展量子研究和量子技术领域,并与产业界推动研究和应用落地
	德国	• 德国提出新的量子研究议程《量子技术——联邦政府从基础到市场的框架计划》,该议程展望了未来 10 年德国在量子系统领域的研究重点和面临的挑战
	荷兰	• 荷兰经济事务和气候政策部向荷兰公私基金会 Quantum Delta NL 拨款 6.15 亿欧元,以推动量子技术的发展
	英国	• 英国研究与创新署(UKRI)计划向量子技术投资 1.53 亿英镑
	法国	• 法国计划未来 5 年内在量子技术上投资 18 亿欧元

3. 其他国家

其他部分国家也较早布局了量子通信技术发展的相关支持事项,尤其是日本,最早可追溯到 2001 年就将量子通信技术列为重要技术方向。其他国家量子通信技术相关重要事项如表 1 - 4 所列。

表 1-4 其他国家量子通信技术相关重要事项

年 份	国 别	事 项
2001	日本	• 邮政省将量子通信技术列为国家重点技术； • 信息通信研究机构（NICT）开始量子技术的布局，并将该技术作为重点开发研究之一
2003	日本	• 科学技术振兴机构（JST）开始支持量子信息处理相关项目
2009	日本	• 内阁发布了 FIRST 计划，其中量子信息领域 5 年内投资 3 000 万美元
2013	日本	• 总务省成立"量子信息和通信研究促进会"，以及量子科学技术研究开发机构，未来 10 年投入 400 亿日元支持量子技术研发
2014	韩国	• 政府发布了《量子信息通信中长期推进战略》
	日本	• 内阁发布了颠覆性技术创新计划（ImPACT），尤其关注量子技术应用项目，4 年半内投资 3 000 万美元
2015	韩国	• 政府计划到 2020 年，分 3 阶段建设韩国量子通信网络
2016	日本	• 内阁发布《第五期科学技术基本计划》，把量子技术认定为创造新价值的核心基础技术
2017	日本	• 文部科学省基础前沿研究会发布了《关于量子科学技术的最新推动方向》的中期报告
2018	日本	• 文部科学省推出了以"量子飞跃"冠名的相关项目，重点支持量子模拟与计算、量子传感和超短脉冲激光器，10 年内投资 2 亿美元
2020	日本	• 政府将在量子安全技术、量子元件及材料、超导量子计算机、量子计算机应用技术、量子软件、量子生物学、量子惯性传感器、光晶格钟 8 个领域，建立核心研发基地，构建 All Japan 生态
	澳大利亚	• 联邦科学与工业研究组织（CSIRO）制定了《量子技术路线图》
	韩国	• 韩国科学与信息技术部发布"数字新政"计划，计划投资约 58 万亿韩元支持量子技术等领域； • 韩国内务和安全部招标建设总长 2 000 km、覆盖全国 48 个政府部门的量子密钥分发（QKD）网络
	印度	• 提出新国家量子任务，计划未来 5 年投入 800 亿卢比推动量子技术的发展

年 份	国 别	事 项
2021	印度	• 印度国有电信研发机构 C-DoT 启动量子通信实验室,公布了自主开发的 QKD 方案; • 印度政府承诺 8 年内为国家量子技术和应用项目拨款 10 亿美元
	新西兰	• 新西兰政府宣布提供 3 675 万美元支持新西兰的量子产业、新技术的发展,为新西兰提供量子教育计划等
	日本	• 日本将限制外国研究人员参与量子技术等尖端领域,政企界拟携手推进量子技术研究

从国外主要国家量子通信技术发展布局梳理可以看出:尽管早在 21 世纪之前,欧洲和北约实验室里的量子通信技术研究就获取了相对科研优势,引领了量子技术的潮流。但是进入 21 世纪后,在国家层面除了美国外的欧美国家没有及时进行战略跟进,相较之下,美国、日本等国家都已形成国家层面的相关战略规划;近十年,美国持续在量子通信技术领域加大战略投资,其智库伴随发布了多个研究报告。目前欧洲多国逐渐加大了量子通信技术的推进力度,并且部分技术方向逐渐获得了一定的优势,希望未来在量子生态圈获得一席之地。

1.5.2 国内战略发展

我国在量子通信技术发展战略布局方面态度明确,推进力度坚定有力,在中央和国家主要部门的指导下,各地方政府积极贯彻落实,争当发展标杆。

2015 年 11 月,习近平总书记在关于"十三五"规划建议的说明中明确指出,要在量子通信等领域部署一批体现国家战略意图的重大科技项目。

2016 年 3 月,在我国发布的"十三五"规划纲要中提出,着力构建量子通信和泛在安全物联网,并在多项科技与信息产业规划中将量子通信列为战略性新兴产业。同年,科技部设立"量子调控与量子信息"重点专项,部署量子通信和计算等领域的战略性前沿研究。

2016 年 6 月,国家发改委发布《长江三角洲城市群发展规划》。根据规划,长江三角洲城市群的总体定位为建设面向全球、辐射亚太、引领全国的世界级城市群。规划提出,将积极建设量子通信工程,推动量子通信技术使用,促进量子通信技术在政府部门、军队和金融机构等应用。规划要求,加快城市群主要城市域量子通信网构建,建成长江三角洲城市群广域量子通信网络。

2016 年 7 月,国务院印发的《"十三五"国家科技创新规划》,将量子通信列为体现国家战略意图的一批重大科技项目之一,并在"科技创新 2030——重大项目"专栏中明确要求研发城域、城际、自由空间量子通信技术。

2017 年 1 月,安徽省政府正式印发了《合肥综合性国家科学中心实施方案(2017—2020 年)》,"方案"提出,要争创量子信息科学国家实验室,在量子信息领域保持国际领先地位。

2017 年 11 月,发改委办公厅印发了《国家发展改革委办公厅关于组织实施2018 年新一代信息基础设施建设工程的通知》,"通知"提出,2018 年新一代信息基础设施建设工程将重点支持"百兆乡村"、5G 规模组网、国家广域量子通信骨干网络等三大项目。

2017 年 7 月,济南市印发了《济南市十大千亿产业发展实施方案》试行版,其中就包含《关于加快推进量子科技产业发展的实施方案》。"方案"提出,到 2020 年,形成以济南为中心的量子技术产业集群,实现量子网络用户单位超 2 000 家,国防市场占有率 70% 以上。

2018 年 1 月,济南市政府工作报告提出推进"量子谷"项目规划建设。济南将以"量子谷"为载体,打造国内主要的量子信息技术成果聚集示范区,国际领先的量子技术研发和产业化基地。

2018 年 2 月,《山东省新旧动能转换重大工程实施规划》(下称《实施规划》)发布,规划了山东将大力发展的"十强"产业,其中新一代信息技术产业中就包括加快发展量子通信、量子测量、量子计算等产业。

2018 年 3 月,山东省科学技术厅发布《山东省量子技术创新发展规划(2018—2025 年)》,提出"到 2025 年,形成以济南为中心、辐射全省的量子技术产业集群,营收达到百亿级规模,实现量子技术应用市场的突破,使山东省成为全球量子技术及产业发展的战略高地之一。"

2018 年 7 月,中共中央办公厅印发《金融和重要领域密码应用与创新发展工作规划(2018—2022 年)》,"规划"要求:"加强密码基础理论、关键技术和应用研究,促进密码与量子技术、云计算、大数据、物联网、人工智能、区块链等新兴技术融合创新"。同月,国务院办公厅印发《国务院关于加快推进全国一体化在线政务服务平台建设的指导意见》,"意见"要求各级政府应用符合国家要求的密码技术产品加强身份认证和数据保护,优先采用安全可靠的软硬件产品、系统和服务,以应用促进技术创新,带动产业发展,确保安全可控。

2018 年 8 月,根据《国家标准委办公室关于筹建全国量子计算与测量标准化技术委员会的批复》,全国量子计算与测量标准化技术委员会(筹)在济南高新区正式揭牌。

2019 年 4 月,安徽省为贯彻落实《金融和重要领域密码应用与创新发展工作规划(2018—2022 年)》精神,印发了《安徽省金融和重要领域密码应用与创新发展实施方案(2019—2020 年)》,"方案"指出:"促进密码与量子技术、云计算、大数据、物联网、人工智能、区块链等新兴技术融合创新。围绕量子信息科学国家实验室的建设,促进量子信息技术科技创新成果转化与产业化。加大量子密钥分发技术的研发和投入,根据国家试点任务安排,配合做好对基于量子密钥分发的信息系统开展安全性评估相关工作。"

2019 年 6 月,安徽省发改委下发了《安徽省推进量子信息技术产业化实施方案(征求意见稿)》,对发挥安徽省量子信息科学研究先发优势、推进安徽省量子信息技术创新和产业化发展相关工作进行了明确指示。

2019 年 9 月,济南市印发了《济南市加快建设量子信息大科学中心的若干政策措施》,投入大量人才、资金、资源,要将济南打造成量子技术及产业发展战略高地。

2019 年 9 月,安徽省发改委下发了《推进量子中心建设实施方案(征求意见稿)》,对充分发挥安徽省量子信息科学研究先发优势、加快推进安徽省量子信息技术创新和产业化发展工作提出了明确要求。

2020 年 10 月,习近平总书记在十九届中央政治局第二十四次集体学习时指出,要充分认识推动量子科技发展的重要性和紧迫性,加强量子科技发展战略谋划和系统布局,把握大趋势,下好先手棋。

1.6　国内外量子通信技术发展

1.6.1　国外发展现状

伴随着量子通信受到世界各国政府、军方和信息通信业界的普遍重视,近年来广泛开展了试点应用和网络建设项目。美、欧、日、韩等发达国家先后建立了量子通信试验网络,开展相关实验研究,积极推动量子通信产业化。特别是美国对量子密码的研究走在了各国的前列,不管是在理论研究方面,还是在实验室方面都取得了巨大的进步。在欧洲以及加拿大、日本等国的量子密码也得到了各国政府的重视,取得了显著的进展。

1969 年,来自美国哥伦比亚大学的 S. Wiesner 最先提出可以利用量子力学里面的物理性质对信息进行加密和解密,给出了共轭编码的概念,其划时代的想法开启了量子密码研究的先河,但是他的想法并没有得到当时科学界的重视,直到十几年后的 1983 年,他的论文才发表在 Sigact News 上[3]。

1984 年,来自 IBM 公司的 Bennett 和蒙特利尔大学的 Brassard 注意到了 S. Wiesner 的想法,对其进行了进一步的研究,提出第一个量子密码协议(BB84 协议)[4]。1992 年,Bennett 等提出了一种基于非正交态的 B92 协议[5]和基于 Bell 态的 BBM92 协议,并最终使用极化光子实验模型证明了概念的可行性[6]。另外,1991 年,英国牛津大学的 Ekert 提出了利用 EPR 纠缠态来设计量子密钥分发(Quantum Key Distribution,QKD)协议[7]。到此,量子密钥分发的最初三大协议初步形成。同时,对量子密钥分发的研究也进入了热潮,世界各国的研究者使用各式各样的物理载体,如纠缠态、单光子、压缩态、图态和相干态等设计了许多具有不同特色的量子密钥分发协议。

另一方面,根据经典密码学的启发,人们设计了许多不同应用方向的量子密码协议,如量子安全直接通信(Quantum Secure Direct Communication,QSDC)、量子隐形传态(Quantum Teleportation,QT)、量子秘密共享(Quantum Secret Sharing,QSS)、量子认证(Quantum Authentication,QA)、量子数字签名(Quantum Digital Signature,QDS)等。随着理论方面的不断完善,在实验室和实用化的方面量子密码也取得了长足的进步。

自 1989 年,IBM 公司和蒙特利尔大学合作实现了首个量子密码实验之后,英国国防部于 1993 年首次将 BB84 协议方案的相位编码的量子密钥分发在光纤中得以实现,光纤传输的距离达到了 10 km,随后经过多方的努力,于 1995 年将光纤传输的距离提升至 30 km。同年,瑞士 Geneva 大学通过 Geneva 湖底的民用光缆进行了实际的演示,传输距离达到 23 km,且其误码率仅为 3.4%。随后,他们在 1997 年进一步改进了该实验系统,提高了系统的实用性和稳定性,被誉为"即插即用"的量子密钥分发。同年,光子在自由空间中传输的距离也得到了突破,达到了 205 m。1999 年,来自瑞典和日本的研究者将光纤的传输距离提升至 40 km。

2002 年 10 月,德国 Munich 大学与英国军方附属的研究机构使用激光成功传输了量子密码,Munich 大学参与研究的教授称,这次试验的传输距离为 23.4 km。试验的成功使得建立全球的密码传输网络成为可能。同年,日本三菱公司利用防盗量子密码传递消息获得成功,传输距离达到了 87 km,这一距离为量子密码技术的实用化创造了可能。此外,在无线应用中的研究也得到了发展。2004 年,在美国的马萨诸塞州,全球首个量子密码通信网络投入使用。2007 年,日本的 NEC 公司提出了一种实际应用的量子加密系统模型。同年,英国、奥地利和德国的学者根据 BB84 协议,通过卫星进行了量子通信实验,将量子通信的距离提升至 144 km,该项成果被认为是未来建立全球量子通信卫星网络的关键技术。2008 年,意大利和奥地利的学者首次识别出从人造卫星上反射回地球的单批光子,这是实现太空通信的重大进展。

2012 年,奥地利科学家实现了百公里量级的量子隐形传态,为星地间量子通信技术研究奠定了坚实基础。2015 年,美国 Battelle 公司建成俄亥俄州至华盛顿 650 km 的量子通信光纤线路,并公布连接美国东西海岸的环美量子通信骨干网络建设计划。2016 年,英国量子通信中心开始建设连接布里斯托、伦敦和剑桥三地的量子通信试验网络。2016 年 8 月,俄罗斯已经在其鞑靼斯坦共和国境内正式启动了首条多节点量子互联网络试点项目,该量子网络目前连接了 4 个节点,每个节点之间的距离为 30~40 km。2017 年 7 月,日本信息通信研究机构宣布其成功完成了世界上首例利用被称为"50 cm 角"的超小型卫星进行量子通信的证实实验。

2018 年 6 月,英国电信公司于"物联网世界欧洲论坛"中表示:英国电信公司及其合作伙伴的光纤链路已经建成了一条长达 75 mi(1 mi=1.609 km)的量子安全高速光纤链路,这条光纤链路在剑桥大学工程系和英国萨福克郡的 BT 实验室之间运行,其设备来自 ID Quantique 和 ADVA 光纤网络。同时,美国 Quantum Xchange 公司发布了全美首个量子互联网,从华盛顿到波士顿沿美国东海岸总长 805 km,开展量子通信运营服务,这是美国首个州际、商用量子密钥分发网络。

1.6.2　国内发展现状

在国内,虽然对量子通信的研究起步比较晚,但是发展非常迅速。很多科研机构和大学都加入到研究量子信息学领域中,如清华大学、中国科学技术大学(下称中科大)和中科院物理研究所等,无论是在理论上还是在实验实用方面上都取得了丰富的成果。

中科院物理研究所于 1995 年在国内第一次完成了 BB84 协议方案的演示实验,但是传输距离是在很短的自由空间里进行的;同年,华东师范大学做了 B92 协议方案的演示实验。2000 年,中国科学院物理研究所与其研究生院共同完成了量子通信的新实验,在长度为 1.1 km、波长为 850 nm 的单模光纤中进行传输。2003 年,华东师范大学的曾和平教授等完成了 50 km 的光纤量子通信系统实现和样机的研制工作;同年,中科大的量子信息重点实验室的研究学者在该校建设了一条长度为 3.2 km 的"特殊光缆"。2004 年,中科大的潘建伟院士等成功实现了五粒子纠缠态的量子隐形传态实验。2005 年,他们使用一个超稳定高强度的四光子纠缠态光子源完成了一些已有的量子秘密共享方案,实验仅仅以 3.5% 的误码率在通信者间共享了 87 666 bit 的经典密钥。2007 年,潘建伟院士又实现了六光子薛定谔猫态(即六粒子纠缠态)的制备。2004 年 8 月,郭光灿院士等在北京和天津之间实现了 125 多 km 的量子密钥分发实验;同年,他们将量子密钥分发的传输距离突破到了 160 km。2009 年,我国在实用化量子通信方面取得了重要进步,潘建伟院士等在安徽合肥建立了全球首个光量子电话网,这显示了量子通信逐步走向了实际应用。

最近几年,我国在量子通信领域更是取得了重大进展,很多方面的研究甚至走在了世界的前列。2014 年 11 月,中国科学院成功将量子通信的安全距离扩至 200 km,创下了新的世界距离。据新华社 2015 年 3 月 5 日报道,中科大潘建伟院士率先实现多自由度量子隐形传态,《自然》杂志以封面标题的形式公布了这一研究成果。2016 年 8 月,我国成功发射全球首颗量子通信科学实验卫星"墨子号"。"墨子号"卫星在世界上首次实现了 1 200 km 低轨卫星和地面站间 1.1 kb/s 安全码率的量子密钥分发,突破了传输距离的极限,并在星地之间 1 400 km 链路完成单光子量子比特隐形传态,为超远距离量子通信组网奠定基础。2017 年 8 月 30 日,中科大承建的"京沪干线"项目通过总技术验收,干线全长 2 000 余千米,连接了北京、济南、合肥和上海等城市的量子城域网。2017 年 12 月,"宁苏量子干线建设工程"通过江苏省经信委组织的专家组技术验收,此举标志着全球首条相位编码方案广域商用量子干线正式开通。"宁苏广域量子通信网"以南京为起点,经过镇江、常州、无锡和苏州(延伸至上海边界)共 5 个城市,全线共有 9 个节点,量子通信链路总长 578 km,是首个承载了实际业务的商用广域量子网。2018 年 11 月,量子通信"武合干线"建成贯通。"武合干线"全称"武汉—合肥量子通信干线",是"京沪干线"的商业延伸线。

我国未来量子通信发展规划将基于全国现有的光纤通信基础设施网络建设,与已建成的干线对接,初步形成量子通信纵向干线。

1.7 注 记

本章以通信技术的发展演变入手,阐述通信技术的重要价值,进而引出保密通信的"关键先生"角色。而密码学作为保密通信的核心实施手段,其研究内容在面对量子计算等新型攻击手段将会"形如累卵",给未来的信息安全造成严重威胁。量子通信以其自身的理论基础和原理性优势,成为世界各国前沿保密通信技术研究的"座上宾",国内外皆在战略布局和技术发展上给予大力支持。我国量子通信技术处于世界前列位置,随着量子通信技术实用化进程的加速,未来的量子通信网络发展或将成为我国的技术"名片"和核心竞争力之一。

参考文献

［1］ Shannon C E. Communication Theory and Secrecy Systems ［J］. Bell System Technical Journal，1949，28(4)：656-715.

［2］ Shannon C E. A mathematical theory of communication ［J］. Bell System Technical Journal，1948，27(3)：3-55.

［3］ Wiesner S. Conjugate coding ［J］. Acm Sigact News，1983，15(1)：78-88.

［4］ Bennett C H，Brassard G. Quantum cryptography：public-key distribution and coin tossing［C］//In Proceedings of IEEE International Conference on Computers. Systems and Signal Processing. New York：IEEE，1984：175-179.

［5］ Bennett C H. Quantum cryptography using any two no orthogonal states ［J］. Physical Review Letters，1992，68：3121.

［6］ Bennett C H，Brassard G，Mermin N D . Quantum cryptography without Bell's theorem［J］. Physical Review Letters，1992，68(5)：557-559.

［7］ Ekert Artur K . Quantum cryptography based on Bell's theorem［J］. Physical Review Letters，1991，67(6)：661.

第 2 章　量子力学基础

从目前科学历史阶段来看,量子力学俨然可以被拟称为物理学的"南天一柱",但在其理论完备过程中,以概率测量的方式定义微观粒子状态,在经典感官上完全违背人们的生活经验总结,导致曾经很多科学家不愿意为它"正名",但恰恰是"反常"的概率观测,使得人们可以利用量子力学推动以微观量子态的观测、制备和调控等为主要特征的"第二次量子革命"。"工欲善其事,必先利其器。"量子通信发展过程中结合了量子力学的诸多基本概念和重要原理,学习并掌握一定的量子力学知识是必不可少的,本章旨在介绍后需用到的主要理论基础。

2.1　常用概念及工具

在叙述量子通信中涉及的主要量子力学概念及工具之前,将出现频率较高的符号及其含义简要总结列举如文前符号表所示。另外,初等线性代数在量子力学理论计算过程中较为常见,建议读者自行回顾常用的线性代数计算基础,在此不再赘述。

2.1.1　希尔伯特空间

任意孤立物理系统都有一个系统状态空间,用线性代数的语言描述,该状态空间就是一个定义了内积的复向量空间——希尔伯特空间[1-3]。

具体地说,如果一个集合 $L=\{a_1,a_2,a_3,\cdots,a_n\}$,满足:

① 任取 $a_i,a_j\in L$,都有 $a_i+a_j\in L$;

② 任取复数 $c\in C,a_i\in L$,有 $c\cdot a_i\in L$,

则称 L 为复向量空间,L 中的元素被称为列向量。复向量空间 L 上的内积定义为一种映射;对于任意的一对向量 $a_i,a_j \in L$,都有一个复数 $c = \langle a_i | a_j \rangle$ 与之对应,称为 a_i 和 a_j 的内积,它有如下性质:

$$\left. \begin{array}{l} \langle a_i | a_j \rangle \geqslant 0 \\ \langle a_i | a_j \rangle = \langle a_j | a_i \rangle^* \\ \langle a_l | c_1 a_i + c_2 a_j \rangle = c_1 \langle a_l | a_i \rangle + c_2 \langle a_l | a_i \rangle \end{array} \right\} \qquad (2-1)$$

2.1.2 量子态

量子系统所处的状态称为量子态,如希尔伯特空间中的列向量,便是量子态的一个具体描述。此处,量子态是处在二维希尔伯特空间里的矢量表示,用数学方式可表示为 $|\varphi\rangle = \alpha|0\rangle + \beta|1\rangle$,其中 $|0\rangle$ 和 $|1\rangle$ 是希尔伯特空间中选取的一组正交基,并且有 $|\alpha|^2 + |\beta|^2 = 1$。

更直观的,通常人们所接触的量子态,是由一种或者一些实验测量来确定的某个系统的运动状态,也即是量子态通常由观测量的测量值来确定和表示。

从实验现象中观察量子态[4]:

一只阴极射线管中的电子,该电子有一定的动量 p,那么其状态可记为 $|p\rangle$;

一台电视的荧光屏幕上的电子,被发射枪打在 r 处,那么其状态可记为 $|r\rangle$。

2.1.3 量子态叠加

假设 $|\varphi_1\rangle$ 和 $|\varphi_2\rangle$ 是量子系统中两个任意的量子态,那么 $|\varphi\rangle = \alpha|\varphi_1\rangle + \beta|\varphi_2\rangle$ 也是该系统中的一个量子态,被定义为态的叠加或叠加态。由此可以看出,量子叠加态可以使量子系统具有庞大的信息存储能力,这一点正是量子系统和经典系统本质上的差别之一,是量子通信具有本质安全性的重要基础,也是量子计算具有并行性的根本原因。

推论 1:一个态与自己叠加,叠加后的态仍是它自己。

推论 2:若 $|\varphi\rangle$ 上可以测出 $|\varphi_1\rangle$ 和 $|\varphi_2\rangle$ 之外的态,那么 $|\varphi\rangle$ 不能只表示为 $|\varphi_1\rangle$ 和 $|\varphi_2\rangle$ 的叠加,一定存在之外的 $|\varphi_3\rangle$ 或者更多的态,使得

$$|\varphi\rangle = \alpha|\varphi_1\rangle + \beta|\varphi_2\rangle + \gamma|\varphi_3\rangle + \cdots \qquad (2-2)$$

量子态运算规则：

① 结合律，

$$c_1(c_2 \mid A\rangle) = (c_1 c_2) \mid A\rangle = c_1 c_2 \mid A\rangle$$

$$\mid A\rangle + (\mid B\rangle + \mid C\rangle) = (\mid A\rangle + \mid B\rangle) + \mid C\rangle$$

② 分配律，

$$(c_1 + c_2) \mid A\rangle = c_1 \mid A\rangle + c_2 \mid A\rangle$$

$$c(\mid A\rangle + \mid B\rangle) = c \mid A\rangle + c \mid B\rangle$$

③ 交换律，

$$\mid A\rangle + \mid B\rangle = \mid B\rangle + \mid A\rangle$$

从实验现象中观察量子态叠加：

① 偏振光实验，对于光子在 xy 平面上的偏振态 $\mid p\rangle$，用偏振片测量，可以测量出在 x 轴方向偏振态 $\mid p_x\rangle$，在 y 轴方向偏振态 $\mid p_y\rangle$，那么

$$\mid p\rangle = \alpha \mid p_x\rangle + \beta \mid p_y\rangle \tag{2-3}$$

② 卢瑟福散射实验，可以测到在各个方向散射的 α 粒子，每个散射出的粒子都有一定的散射态 $\mid p\rangle$，出射态是各个方向散射态的叠加

$$\mid \boldsymbol{\varphi}_{\text{out}}\rangle = \int \mid p\rangle \mathrm{d}\boldsymbol{p} \tag{2-4}$$

③ 电子双缝实验，在双缝后的干涉区域，既可测到来自缝 1 的态 $\mid \boldsymbol{\varphi}_1\rangle$，也可测到来自缝 2 的态 $\mid \boldsymbol{\varphi}_2\rangle$，而电子在此区域的态 $\mid \boldsymbol{\varphi}\rangle$ 是这两个态的叠加，可以写成

$$\mid \boldsymbol{\varphi}\rangle = \alpha \mid \boldsymbol{\varphi}_1\rangle + \beta \mid \boldsymbol{\varphi}_2\rangle \tag{2-5}$$

2.1.4　量子比特

香农在信息论中这样说明比特：可以描述信号可能出现的状态的量。在量子理论中，使用量子比特来描述信息的基本值。从应用的角度讲，量子比特就是量子态的某种特定表示，是量子信息处理的基本单元。可以把量子比特和量子态简化地等同看待，而又由于量子态的许多特殊性质，造成量子比特具有许多不同于经典比特的非常独特的属性。

根据量子比特的物理性质，可以把量子比特分为基本量子比特和复合量子比特。基本量子比特是指希尔伯特空间中任意由单个量子位态矢描述的量子比特。比如，用量子态 $\mid 0\rangle$ 和 $\mid 1\rangle$ 作为希尔伯特空间的基矢，那么任意基本量子比特 $\mid \boldsymbol{\varphi}\rangle$ 可以表示为

$$\mid \boldsymbol{\varphi}\rangle = \alpha \mid 0\rangle + \beta \mid 1\rangle \tag{2-6}$$

式中：α 和 β 为复数，且满足 $\mid \alpha \mid^2 + \mid \beta \mid^2 = 1$。具有式（2-6）形式的量子比特存在

3 种可能的形式,它可能是 $|0\rangle$ 态,也可能是 $|1\rangle$ 态,或者处于前面两者叠加态 $\alpha|0\rangle+\beta|1\rangle$ 的形式。在测量前,人们并不知道量子态 $|\varphi\rangle$ 会处于哪种具体形式,能够确定的只是量子态 $|\varphi\rangle$ 处于 $|0\rangle$ 态的概率为 $|\alpha|^2$,处于 $|1\rangle$ 态的概率为 $|\beta|^2$。如 $|\varphi\rangle=\dfrac{1}{\sqrt{2}}(|0\rangle+|1\rangle)$,表示 $|\varphi\rangle$ 被测量后在 $|0\rangle$ 态的概是 0.5,那么在 $|1\rangle$ 态的概率也等于 0.5,即状态 $|0\rangle$ 和状态 $|1\rangle$ 等概率。

同时,希尔伯特空间中的基矢并不是唯一的,只要基矢满足相互正交这一条件,同一个量子比特可以用无数组的基矢进行描述。同时,一个量子比特也可能存在不同形式的物理表现,包括光子的偏振和极化,电子的自旋转,甚至是轨道角动量等。诸如此类,一个基本的量子比特只包含一个量子比特,而复合量子比特(如 $|\psi\rangle=\alpha|0_1 0_2\rangle+\beta|0_1 1_2\rangle$)是由多个量子比特一起复合而成的。

2.1.5 光子编码

偏振编码量子比特可以通过 Poincarè 球进行视化。如图 2-1 所示,其中 φ 和 θ 分别是侧位角和顶角,通用的量子态则可以写为

$$|\varphi\rangle=\cos(\theta)|H\rangle+e^{i\varphi}\sin(\theta)|V\rangle \qquad (2-7)$$

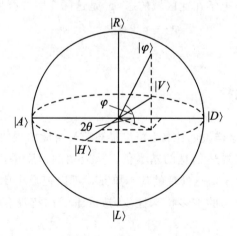

图 2-1 Poincarè 球中偏振量子态的描述

在二维偏振量子系统中,有 6 个非常重要的偏振态 $|H\rangle$、$|V\rangle$、$|A\rangle$、$|D\rangle$、$|R\rangle$ 和 $|L\rangle$,如表 2-1 所列,且后面 4 种皆可由 $|H\rangle$ 和 $|V\rangle$ 的线性组合表示。研究人员可据此进行光子偏振编码,将信息融入到光子的偏振态中,利用量子信道进行传递。

表 2 - 1 常用偏振量子态以及它们的多种表示方法

偏 振	量子态	基矢的分解	线性偏振角
线性水平	$\|H\rangle$ 或 $\|0\rangle$ 或 $\|\leftrightarrow\rangle$	$\|H\rangle$ 或 $\|0\rangle$ 或 $\|\leftrightarrow\rangle$	$0°$
线性垂直	$\|V\rangle$ 或 $\|1\rangle$ 或 $\|\updownarrow\rangle$	$\|V\rangle$ 或 $\|1\rangle$ 或 $\|\updownarrow\rangle$	$90°$ 或 $\pi/2$
线性对角	$\|A\rangle$ 或 $\|+\rangle$ 或 $\|\nearrow\rangle$	$\frac{1}{\sqrt{2}}(\|H\rangle+\|V\rangle)$ 或 $\frac{1}{\sqrt{2}}(\|0\rangle+\|1\rangle)$ 或 $\frac{1}{\sqrt{2}}(\|\leftrightarrow\rangle+\|\updownarrow\rangle)$	$45°$ 或 $\pi/4$
线性反对角	$\|D\rangle$ 或 $\|-\rangle$ 或 $\|\searrow\rangle$	$\frac{1}{\sqrt{2}}(\|H\rangle-\|V\rangle)$ 或 $\frac{1}{\sqrt{2}}(\|0\rangle-\|1\rangle)$ 或 $\frac{1}{\sqrt{2}}(\|\leftrightarrow\rangle-\|\updownarrow\rangle)$	$135°$ 或 $3\pi/4$
右圆偏振	$\|R\rangle$	$\frac{1}{\sqrt{2}}(\|H\rangle+i\|V\rangle)$ 或 $\frac{1}{\sqrt{2}}(\|0\rangle+i\|1\rangle)$ 或 $\frac{1}{\sqrt{2}}(\|\leftrightarrow\rangle+i\|\updownarrow\rangle)$	—
左圆偏振	$\|L\rangle$	$\frac{1}{\sqrt{2}}(\|H\rangle-i\|V\rangle)$ 或 $\frac{1}{\sqrt{2}}(\|0\rangle-i\|1\rangle)$ 或 $\frac{1}{\sqrt{2}}(\|\leftrightarrow\rangle-i\|\updownarrow\rangle)$	—

2.1.6 直积态和纠缠态

复合量子比特存在两种表现形式：直积态（Product State）和纠缠态（Entangled State）。此处以双量子比特的量子系统对直积态和纠缠态进行描述,观察到式(2-8)中粒子 1 和粒子 2 是可以拆分的,即量子比特 $\|\psi\rangle$ 可以拆分为粒子 1 和粒子 2 各自量子比特张量积的形式,这种量子比特所表示的就是直积态：

$$|\psi\rangle = \alpha|0_1 0_2\rangle + \beta|0_1 1_2\rangle = |0_1\rangle \otimes (\alpha|0_2\rangle + \beta|1_2\rangle) \qquad (2-8)$$

式(2-8)中下角标 1 和下角标 2 分别代表复合量子比特中的两个量子比特。此外,与可拆分复合量子比特相对应,还有一种不可拆分的复合量子比特,即不能被写成两个基本量子比特的积形式,这就是纠缠态复合量子比特,如：

$$|\psi\rangle = \alpha|1_1 0_2\rangle + \beta|0_1 1_2\rangle = \alpha|1_1\rangle|0_2\rangle + \beta|0_1\rangle|1_2\rangle \qquad (2-9)$$

纠缠态复合量子比特系统中,量子比特相互之间存在着紧密联系：式(2-9)中,

如果下角标 1 的粒子处于 $|1\rangle$ 态,那么下角标 2 的粒子一定处于 $|0\rangle$ 态;同理,如果下角标 1 的粒子处于 $|0\rangle$ 态,那么下角标 2 的粒子一定处于 $|1\rangle$ 态。纠缠态复合量子比特常被用在量子通信系统的设计与实现中,很多量子通信协议都使用纠缠态复合量子比特来传输信息,这是基于纠缠态复合量子比特的独特性质——比如,探测到纠缠态量子比特对中一个粒子的状态,就可以直接得到纠缠态量子比特中另外一个粒子的状态。

最大纠缠:在此仍然以纠缠态复合量子比特中最简单的双比特为例,在双比特纠缠系统中最典型和常用的复合量子比特包括 4 个贝尔(Bell)态,如果它们的系数 α 和 β 都是确定的 $\dfrac{1}{\sqrt{2}}$,则表明它们处于最大纠缠状态下,形式如下:

$$\left.\begin{aligned}
|\boldsymbol{\phi}^+\rangle &= \frac{1}{\sqrt{2}}(|0_A 0_B\rangle + |1_A 1_B\rangle) \\[4pt]
|\boldsymbol{\phi}^-\rangle &= \frac{1}{\sqrt{2}}(|0_A 0_B\rangle - |1_A 1_B\rangle) \\[4pt]
|\boldsymbol{\varphi}^+\rangle &= \frac{1}{\sqrt{2}}(|0_A 1_B\rangle + |1_A 0_B\rangle) \\[4pt]
|\boldsymbol{\varphi}^-\rangle &= \frac{1}{\sqrt{2}}(|0_A 1_B\rangle - |1_A 0_B\rangle)
\end{aligned}\right\} \qquad (2-10)$$

这 4 个 Bell 态构成了一组正交基。除了上述两比特纠缠外,还可能存在多个比特纠缠的情况,如三比特纠缠态、四比特纠缠态等,在此不再赘述。

2.1.7 量子纠缠纯化

纠缠态很容易受到外界环境的影响,导致解纠缠(退相干)。纠缠纯化是通过一定的技术手段,从部分纠缠态中提取最大纠缠态的过程,这在基于纠缠态的量子通信和量子计算等研究与应用中具有重要价值。理论上讲,任何量子态都可以被纯化。下面给出一个量子纠缠纯化的基本原则[5]。

假设在 A 量子系统中一个量子态的密度算子 $\boldsymbol{\rho}^A$,并引入另外一个量子系统 R,形成组合系统 AR,定义纯态为 $|AR\rangle$,则有 $\boldsymbol{\rho}^A = \mathrm{tr}_R(|AR\rangle\langle AR|)$,$\mathrm{tr}_R$ 是一个算子在系统 A 上的迹。也就是说,当只针对 A 系统时,纯态由 $|AR\rangle$ 变成 $\boldsymbol{\rho}^A$,利用这个过程可以将纯态和混合态结合在一起。

为了证明对每一个量子态都可以做纯化操作,首先需要解释怎么构建引入的虚拟量子系统 R 和纯态 $|AR\rangle$。假设 $\boldsymbol{\rho}^A$ 有正交分解式:

$$\boldsymbol{\rho}^A = \sum_i p_i \mid i^A \rangle \langle i^A \mid \qquad (2-11)$$

其中，$\boldsymbol{R}$ 与 $\boldsymbol{A}$ 共享同样的量子态空间，并且正交基为 $\mid i^R \rangle$。对于 $\boldsymbol{A}$ 和 $\boldsymbol{R}$ 的组合系统定义纯态为

$$\mid \boldsymbol{AR} \rangle = \sum_i \sqrt{p_i} \mid i^R \rangle \langle i^R \mid \qquad (2-12)$$

则有

$$
\begin{aligned}
\mathrm{tr}_R(\mid \boldsymbol{AR} \rangle \langle \boldsymbol{AR} \mid) &= \sum_{ij} \sqrt{p_i p_j} \mid i^A \rangle \langle j^A \mid \mathrm{tr}(\mid i^R \rangle \langle j^R \mid) \\
&= \sum_{ij} \sqrt{p_i p_j} \mid i^A \rangle \langle j^A \mid \delta_{ij} \\
&= \sum_{ij} p_i \mid i^A \rangle \langle j^A \mid \\
&= \boldsymbol{\rho}^A \qquad (2-13)
\end{aligned}
$$

所以 $\mid \boldsymbol{AR} \rangle$ 是 $\boldsymbol{\rho}^A$ 的一个纯态。

2.1.8　量子门

在量子计算模型中，量子门(Quantum Gate)是一个最基本的操作单位。类似于传统逻辑门与数字线路的关系，量子门是量子线路中完成最基本的幺正变换的量子装置，也是量子通信、量子计算领域中经常涉及的技术之一。所有的门逻辑操作都是可逆的，这是支撑量子通信与量子计算低能耗的根本原因。以下介绍几个常用的量子门。

① Hadamard 门，简称 H 门，其矩阵形式为

$$\boldsymbol{H} = \frac{1}{\sqrt{2}} \begin{pmatrix} 1 & 1 \\ 1 & -1 \end{pmatrix} \qquad (2-14)$$

H 门的作用是对量子比特做如下变换：

$$\boldsymbol{H} \mid 0 \rangle = \mid + \rangle = \frac{1}{\sqrt{2}} (\mid 0 \rangle + \mid 1 \rangle) \qquad (2-15)$$

$$\boldsymbol{H} \mid 1 \rangle = \mid - \rangle = \frac{1}{\sqrt{2}} (\mid 0 \rangle - \mid 1 \rangle) \qquad (2-16)$$

即将量子态由 $\langle \mid 0 \rangle, \mid 1 \rangle \rangle$ 基矢下的坐标系，转化为由 $\langle \mid + \rangle, \mid - \rangle \rangle$ 基矢下的坐标系，旋转角度为 $\pi/4$。

② Pauli-X 门，简称 X 门，其矩阵形式为

$$\boldsymbol{X} = \begin{pmatrix} 0 & 1 \\ 1 & 0 \end{pmatrix} \qquad (2-17)$$

X 门的作用是对量子比特取非操作,如果 $|\varphi\rangle = \alpha|0\rangle + \beta|1\rangle$,则 X 门作用后的结果为

$$X|\varphi\rangle = \beta|0\rangle + \alpha|1\rangle \qquad (2-18)$$

③ Pauli-Z 门,简称 Z 门,其矩阵形式为

$$Z = \begin{pmatrix} 1 & 0 \\ 0 & -1 \end{pmatrix} \qquad (2-19)$$

Z 门的作用是对量子比特相位取反,改变 $|1\rangle$ 的方向,因此量子比特 $|\varphi\rangle = \alpha|0\rangle + \beta|1\rangle$ 经过 Z 门作用后结果为

$$Z|\varphi\rangle = \alpha|0\rangle - \beta|1\rangle \qquad (2-20)$$

④ 控制非门(Control-Not Gate),简称 CNOT 门。CNOT 门是经典的量子逻辑门,在量子通信及量子计算领域经常使用。它有两个输入端 $|x\rangle$ 和 $|y\rangle$,是两个量子构成的系统。对它们进行的变换算子是 4 维幺正矩阵,其矩阵形式为

$$C_{NOT} = \begin{pmatrix} 1 & 0 & 0 & 0 \\ 0 & 1 & 0 & 0 \\ 0 & 0 & 0 & 1 \\ 0 & 0 & 1 & 0 \end{pmatrix} = \begin{pmatrix} I & 0 \\ 0 & X \end{pmatrix} \qquad (2-21)$$

CNOT 门的作用:

$$\begin{aligned} C_{NOT}|00\rangle &= |00\rangle \\ C_{NOT}|01\rangle &= |01\rangle \\ C_{NOT}|10\rangle &= |11\rangle \\ C_{NOT}|11\rangle &= |10\rangle \end{aligned} \qquad (2-22)$$

2.2 量子力学基本理论

基于量子态的概率测量和叠加等特点,进一步研究量子力学理论,需要掌握支撑量子通信理论绝对安全性的相关内容,必须特别提出的便是海森堡测不准原理和量子不可克隆原理,二者使得窃听者无法在不被发现的情况下破解或者替换量子信息。在量子力学诞生之初,部分理论曾受到多位权威物理学家的质疑,这些不同的声音也不断完善着量子理论,爱因斯坦等人提出的 EPR(Einstein-Podolsky-Rosen)悖论,便是其中的焦点之一,将在本节进行介绍。

2.2.1 海森堡测不准原理

基于量子力学理论基础,如果两个被观测量拥有的算符 $\hat{A}$ 和 $\hat{B}$ 对易,即满足式(2-23)和式(2-24),则两个观测量可以同时被测准,简言之,存在能够同时对它们进行准确测量的仪器装置。

$$\left[\hat{A},\hat{B}\right]=\hat{A}\hat{B}-\hat{B}\hat{A}=0 \qquad (2-23)$$

$$\left\{\hat{A},\hat{B}\right\}=\hat{A}\hat{B}+\hat{B}\hat{A} \qquad (2-24)$$

然而,更一般情况下,两个被观测量拥有的算符 $\hat{C}$ 和 $\hat{D}$ 不对易,即不满足式(2-23)和式(2-24),则两个被观测量可以被单独测准,却不能同时测准,不存在能够同时对它们进行准确测量的仪器装置,符合测不准原理。

测不准原理:对于任意两个物理观测量 C 与 D,在任一态 $|\varphi\rangle$ 上测量它们,所得结果的方差满足不等式:

$$\langle(\Delta\hat{C})^2\rangle\langle(\Delta\hat{D})^2\rangle\geqslant\frac{1}{4}\langle i\left[\hat{C},\hat{D}\right]^2\rangle \qquad (2-25)$$

其中,$\hat{C}$ 和 $\hat{D}$ 分别表示这两个观测量的算符,即

$$\left.\begin{array}{l}\Delta\hat{C}=\hat{C}-\langle\hat{C}\rangle\\[2mm]\Delta\hat{D}=\hat{D}-\langle\hat{D}\rangle\end{array}\right\} \qquad (2-26)$$

$\langle\hat{C}\rangle$ 和 $\langle\hat{D}\rangle$ 表示该观测量在 $|\varphi\rangle$ 上的平均,即

$$\left.\begin{array}{l}\langle\hat{C}\rangle=\langle\varphi|\hat{C}|\varphi\rangle\\[2mm]\langle\hat{D}\rangle=\langle\varphi|\hat{D}|\varphi\rangle\end{array}\right\} \qquad (2-27)$$

测不准原理只告诉人们如果两个观测量的算符不对易,那么它们不能同时测准,但是并没有描述是哪些观测量,海森堡测不准原理回答了这个问题。

海森堡测不准原理是量子力学中最有名的成果之一,是粒子的波动性的统计诠释。粒子的波动性表明,动量一定的平面波,坐标完全测不准。坐标一定的 δ 函数型波包,是各种动量值的平面波的叠加,动量完全测不准。在一定空间范围内的波包,是由一定范围动量值的平面波叠加而成的,坐标与动量都在一定范围内测不准。

对于一个力学系统,其正则坐标 $q_1,q_2,\cdots,q_n$ 是可以被同时准确测量的,其正则共轭动量 $p_1,p_2,\cdots,p_n$ 也是可以被同时准确测量的,而对其中任意一对正则坐标 q_r 和正则动量 p_s,有且仅有 $r=s$ 时它们俩才可以被同时准确测量。于是:

$$\left.\begin{array}{l} [\hat{q}_r, \hat{q}_s] = 0 \\ [\hat{p}_r, \hat{p}_s] = 0 \\ [\hat{q}_r, \hat{p}_s] = i\hbar\delta_{rs} \end{array}\right\} \qquad (2-28)$$

联合前面的一般测不准原理得

$$\Delta q \Delta p \geqslant \frac{\hbar}{2} \qquad (2-29)$$

由于量子态存在叠加特性,所以要获得某个量子比特的状态就必须对它进行测量,而测量的结果又依赖于对该量子比特进行测量时所使用的测量基。考虑这样一种情况,某个基本量子比特如式(2-6)所示,根据之前的描述,容易知道$|\varphi\rangle$处于$|0\rangle$态的概率为$|\alpha|^2$,而处于$|1\rangle$态的概率为$|\beta|^2$,同时它还可能处于$|0\rangle$态和$|1\rangle$态的叠加态上,要得到一个确切的结果,人们就必须对该基本量子比特进行测量。但测量的结果又与使用的测量基的选择有关,如果使用的测量基不正确,就无法得到预期的结果。可以把$|\varphi\rangle$看作在以$|0\rangle$和$|1\rangle$为基矢的二维希尔伯特空间中的一个向量,如果以$|0\rangle$和$|1\rangle$为测量基对$|\varphi\rangle$进行测量,那么测量的结果不是为$|0\rangle$就是为$|1\rangle$,但这并不能让人们完全认识$|\varphi\rangle$,因为这只是确定了它的振幅,但完全不能确定它的相位。这是因为相位与偏振是一对测不准量。同理,如果能确定该量子比特的相位,那就绝对不能确定它的偏振。

所以,海森堡测不准原理告诉人们:相位与偏振,坐标与动量都是不能同时准确测量的。

2.2.2 量子不可克隆定理

量子克隆是指在不破坏目标量子态的情况下,能够制备一个与目标量子态完全相同的量子比特。在量子通信中,不可克隆定理保证了非正交量子态密钥分发方案的安全性。事实上,不可克隆定理不是一项基于量子物理特性的基本理论,它是由量子测不准原理推导演化而来。在非正交量子态的使用中,不可克隆定理比量子测不准原理使用起来更方便。

量子不可克隆定理是指对于未知的量子态,在对原来粒子产生改变的同时不能克隆出一个完全一样的量子态。这种量子态不能被克隆的性质决定了量子密码与经典密码的不同点。下面对量子不可克隆这一特性进行证明。假设 A 和 B 是两个量子设备,A 设备可以产生一个未知的纯量子态$|\varphi\rangle$,目的是将该量子态复制给 B 设备。假设 B 设备可以产生一个纯态$|s\rangle$,所以初始的量子态系统为$|\varphi\rangle\otimes|s\rangle$。

假设存在统一变换 U,使得下面算式成立:

$$| \varphi \rangle \otimes | s \rangle \to U(| \varphi \rangle \otimes | s \rangle) = | \varphi \rangle \otimes | \varphi \rangle \qquad (2-30)$$

假设对两个不同的纯量子态 $| \varphi \rangle$ 和 $| \psi \rangle$ 执行上述复制操作,则有

$$\left. \begin{array}{c} U(| \varphi \rangle \otimes | s \rangle) = | \varphi \rangle \otimes | \varphi \rangle \\ U(| \psi \rangle \otimes | s \rangle) = | \psi \rangle \otimes | \psi \rangle \end{array} \right\} \qquad (2-31)$$

两个式子做内积得

$$\langle \varphi | \psi \rangle = (\langle \varphi | \psi \rangle)^2 \qquad (2-32)$$

所以要么有 $| \varphi \rangle = | \psi \rangle$,要么有 $| \varphi \rangle$ 和 $| \psi \rangle$ 是正交的。

于是从上述推算可以得出:若非 A 设备与 B 设备一开始便设定好相同的或相互正交的一对量子态,否则 B 端量子克隆设备无法复制出 A 设备最初的量子态。这个性质被广泛应用在量子通信中,参与方可以使用非正交化的状态进行量子密钥分发,这样就能保证量子态的安全性。

人们可以使用反证的方法来证明这个推论:假设量子不可克隆原理不成立,存在一种方法其能够复制任意状态未知的量子态,则可利用此方法复制 $|0\rangle$ 态和 $|1\rangle$ 态:

$$| 0 \rangle \otimes | u \rangle \to | 0 \rangle \otimes | 0 \rangle \otimes | v_0 \rangle \qquad (2-33)$$

$$| 1 \rangle \otimes | u \rangle \to | 1 \rangle \otimes | 1 \rangle \otimes | v_1 \rangle \qquad (2-34)$$

其中,$| u \rangle$ 代表这个量子复制方法,它和待复制目标量子比特构成一个复合量子系统;用带有不同下角标的量子态 $| v_0 \rangle$ 和 $| v_1 \rangle$ 来表示复制结束后的末态。之后模拟一下对量子态 $| \psi \rangle = \alpha | 0 \rangle + \beta | 1 \rangle$ 的复制。利用式(2-33)和式(2-34),可得

$$(\alpha | 0 \rangle + \beta | 1 \rangle) \otimes | u \rangle \to \alpha | 0 \rangle \otimes | 0 \rangle \otimes | v_0 \rangle + \beta | 1 \rangle \otimes | 1 \rangle \otimes | v_1 \rangle$$

$$(2-35)$$

量子态 $| \psi \rangle$ 被复制成一个纠缠态量子比特,当 α 和 $\beta \neq 0$ 时,无法拆分。这与前面的假设矛盾,由此可以证明量子不可克隆定理。量子不可克隆定理保证了攻击者不能采取"克隆"或是复制的方式获得量子信息,支撑了量子通信的安全。

2.2.3 EPR 悖论

Einstein、Podolsky 和 Rosen 针对量子纠缠态的暗含内容,提出了关于物理理论的三个至关重要的假设:

① 完整性(Completeness):如果物理现实中的每一个元素在理论中都有相对应的内容则称物理理论是完善的;

② 实在性(Reality):如果能够以 100% 的概率预测物理特性,则在现实中能够找到与这个物理量相对应的元素;

③ 局域性(Locality):如果两个系统在空间上完全隔离,即不能产生相互作用,

那么在一个系统的测量并不能对另一个系统产生影响。

这些猜想可以用来定义一类物理理论,即局域隐变量(Local-hidden-variable)理论。他们也提出一个猜想实验,即假设存在两个位置、动量纠缠的粒子系统,对一个粒子的测量可以在不干扰另一个粒子的情况下决定该粒子的量子态(即使两个粒子在空间上是完全分离的)。总而言之,关于 EPR 的结论是量子理论不能完全描述实在性。因此人们需要所谓的局域隐变量来完善理论。这些隐变量将包含系统的所有特性,但是只是作为量子理论中的概率分布出现。

在 EPR 猜想被提出后的许多年一直存在争议。直到 John Bell(贝尔)在 1964 年提出局域实在(Local Realism)会产生可实验测量的结果,他提出了一个不等式,给局域实在论设定了上限。但是 Bell 假设纠缠之间存在完美的关联关系和 100% 的探测效率,这样的要求在实际实验中是不可能实现的。1969 年 Clausen、Home、Shimony 和 Holt(CHSH)修改 Bell 不等式从而更好地满足实验限制。他们的研究假设探测器和纠缠态都不是完美的。例如,考虑在一个实验中,Alice 和 Bob 共享纠缠态,并且他们各自选择两个可能的测量角度。如果他们测量结果(σ_a^A,$\sigma_{a'}^A$,σ_b^B 和 $\sigma_{b'}^B$)是提前决定的(即 Local Realism),那么将得到等式

$$S = (\sigma_a^A + \sigma_{a'}^A)\sigma_a^B + (\sigma_a^A - \sigma_{a'}^A)\sigma_{b'}^B \qquad (2-36)$$

因而 $|\langle S \rangle|$ 的期望值存在上限为

$$|\langle S \rangle| = |\langle \sigma_a^A \sigma_a^B \rangle + \langle \sigma_a^A \sigma_{b'}^B \rangle + \langle \sigma_{a'}^A \sigma_b^B \rangle - \langle \sigma_{a'}^A \sigma_{b'}^B \rangle| \qquad (2-37)$$

上式也就是 CHSH 不等式的定义。对于量子力学而言,$|\langle S \rangle|$ 的期望值则是不同的。假设 Alice 和 Bob 共享纠缠态 $|\psi^-\rangle$,因此联合偏振测量的期望值为

$$\langle \psi^- | \sigma_a^A \sigma_b^B | \psi^- \rangle = -a \cdot b \qquad (2-38)$$

假设双方选择的偏振测量基矢对应于图 2-1 所示 Poincarè 球中的 $a' = (1,0,0)$,$a=(0,1,0)$,$b=\dfrac{1}{\sqrt{2}}(1,1,0)$,$b'=\dfrac{1}{\sqrt{2}}(-1,1,0)$,那么量子力学的期望值则为

$$\langle \sigma_a^A \sigma_b^B \rangle = \langle \sigma_{a'}^A \sigma_b^B \rangle$$
$$= \langle \sigma_{a'}^A \sigma_b^B \rangle$$
$$= \left| -\frac{1}{\sqrt{2}} \langle \sigma_{a'}^A \sigma_{b'}^B \rangle \right|$$
$$= \frac{1}{\sqrt{2}} \qquad (2-39)$$

将上式代入 $|\langle S \rangle|$ 的计算,就可以得到

$$|\langle S \rangle| = 2\sqrt{2} > 2 \qquad (2-40)$$

到目前为止已经存在许多关于 Bell 不等式的违反证明实验,从而进一步证明局

域实在论并不能解释量子纠缠。当然,这种奇妙的关联性也引出了许多量子通信的应用。

2.3 注 记

量子力学是实现量子通信和量子计算的理论基础和源泉,本章介绍了量子力学中常用的概念和工具,将支撑量子通信理论安全的海森堡测不准原理和量子不可克隆原理进行了分析和理论推导或证明,并且对量子理论发展中闪耀的 EPR 悖论进行了简要的针对性讲解,虽并不完备,但在一定程度上可以对读者起到一定的辅助作用。

参考文献

[1] 温巧燕,郭奋卓,朱甫臣. 量子保密通信协议的设计与分析[M]. 北京:科学出版社,2009.

[2] Nielsen M A,Chuang I L. Quantum Computation and Quantum Information [J]. Mathematical Structures in Computer Science,2002,17(6):1115-1115.

[3] 曾贵华. 量子密码学[M]. 北京:科学出版社,2006.

[4] 王正行. 量子力学原理[M]. 2 版. 北京:北京大学出版社,2008.

[5] 殷和雨. 量子密钥分发协议研究[D]. 济南:山东大学,2013.

第 3 章 量子密钥分发

正如前文所述,在保密通信过程中,密钥的分发是一个棘手的问题。传统密钥分发的方式包括本地交付、网络传输等,但是其中的代理、设备、载体和信道等都缺乏理论安全支撑,存在一定的安全风险,给原本信心十足的加密设计笼罩上了一层阴霾。量子密钥分发是量子通信领域最重要的研究方向之一,也是当下最先走向实用化的方向,产生了量子通信领域第一个理论协议——BB84 协议,拥有量子通信领域最广泛的试验验证基础和应用网络建设。本章聚焦量子密钥分发,从其理论原理入手,介绍量子密钥分发协议研究进展,以及相关典型协议的主要内容。

3.1 量子密钥分发的原理与发展

量子密钥分发通过未知量子比特的传输,获取到的量子密钥具有绝对安全的性能。根据量子测不准原理和量子不可克隆原理,窃听者不可能精确复制量子态,即使进行窃听测量也会引起量子态的塌缩而被发现,从而保证了量子通信的绝对安全,弥补了保密通信中传统数学难题被计算能力破解的不足。为描述简便,以 $|\leftrightarrow\rangle$ 表示 0°水平偏振态,以 $|\updownarrow\rangle$ 表示 90°垂直偏振态,以 $|\nearrow\rangle$ 表示 45°反对角偏振态,以 $|\searrow\rangle$ 表示 135°对角偏振态。

3.1.1 量子密钥分发原理

量子密钥分发的核心思想:任何窃听者不可能在不被发现的情况下,从传输过程中获取可用的信息。具体来讲,处于叠加态 $|\varphi\rangle = \alpha|\leftrightarrow\rangle + \beta|\updownarrow\rangle$ 的量子比特,如果 α 与 β 未知,则不可能通过单次测量精确地得到 $|\varphi\rangle$ 的结果,因为即便是获得测量结

果为|↔⟩或|↕⟩),也没有办法确定原本的 α 与 β 值,因为同一量子比特在通信过程中不可能重复使用。于是,可以确认:只要使用非正交态,窃听者就不可能完全获取量子信道中的确切信息(如只用一组正交态,存在可被窃听者利用,进而推算出更多信息的可能)。

更为具体的,一般两代理(Alice 和 Bob)的量子密钥分发包含信息的制备、传输和接收,基于量子密钥分发的保密通信系统需要建立在量子信道和经典信道的基础上。合法者为发送端 Alice 和接收端 Bob。Alice 端包括量子光源、量子随机数发生器、量子态调制编码、基矢的比对和密钥产生,Bob 端包括量子态解调、单光子探测、基矢比对和密钥产生。简要通用实现过程如下:

① Alice 使用量子光源产生单光子,基于量子随机数调制成所需的量子态,并经量子信道发送给 Bob;

② Bob 随机地对收到的量子态进行解调,并且进行单光子探测;

③ 待 Bob 测量之后,双方经由经典信道进行基矢比对和纠错分析,确认是否有窃听者存在和本次密钥分发的可用性;

④ 若有窃听者,基矢的比对必然会发现其带来的错误率激增,反之则信任此次通信;

⑤ 双方确认可用的基矢后,由其产生量子密钥,供于经典信道上的保密通信;

⑥ Alice 和 Bob 在此基础上采用"一次一密"对称性加密进行保密通信。

更为直观的表述如图 3-1 所示的基于量子密钥分发的保密通信原理框图。

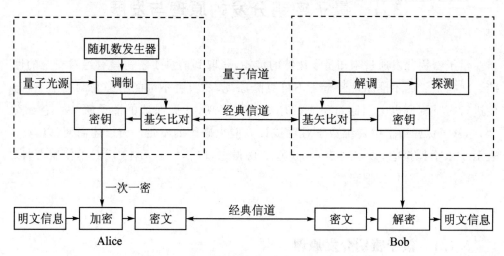

图 3-1 基于量子密钥分发的保密通信原理框图

3.1.2 协议研究进展

美国的 Stephen Wiesner 在 1969 年提出不可伪造的"量子钞票"概念,是首个利用量子效应保护信息的思想。正是基于 Wiesner 的思想,1984—1992 年,BB84 协议、E91 协议和 B92 协议相继诞生,这三个通信协议的建立对后续相关研究起到了指引性作用。可以将丰富的通信协议简略划分为基于离散变量的协议和基于连续变量的协议两大类,如图 3-2 所示。其中,基于离散变量的量子密钥分发协议涉及:非纠缠单光子类 BB84 协议、B92 协议、六态协议和 SARG04 协议等,纠缠光子类 E91 协议和 BBM92 协议等,相位分布类 DPS 协议和 COW 协议等;基于连续变量的量子密钥分发协议包括:单向连续变量协议、连续变量纠缠光子类协议和往返式连续变量类协议等。

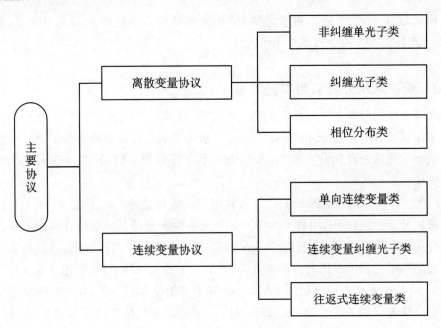

图 3-2 量子密钥分发协议主要种类

需要注意的是,在实用情况下,量子体系中总是存在信源噪声、信道消耗噪声、测量仪器的不完美性和各种统计涨落的影响,使得整个通信协议的安全性和效率都难以得到保障。近年来,为了克服量子通信协议实用化的问题,基于诱骗态或设备无关等协议被提出,已成为量子通信领域的重要课题。

1. 理论协议的实用性发展

诱骗态协议的发展：为了克服由非理想单光子源带来的光子数分离攻击，人们提出了基于诱骗态方法的量子密钥分发理论。借助该理论，量子密钥的安全传输距离和密钥提炼效率得到了极大提高，添加诱骗态的方法已被公认为克服光子数分离的标准方法。

设备无关协议的发展：接收端探测器的效率、暗计数率和响应时间等成为继非理想单光子源之后制约量子密钥分发发展的主要因素，但是要想找出所有器件的不足是很困难的事情，因此 H. K. Lo 等人借助纠缠交换的思想，提出了设备无关量子密钥分发（Measurement Device Independent QKD，MDI - QKD）。该方案将通信双方的量子设备均看成黑盒子，但是它实现起来比较困难。后续为了简便且有针对性，半设备无关的量子密钥分发协议也被 M. Pawlowsld 等人提出，并且证明了半设备无关单向量子密钥分发协议在个体攻击下的安全性。基于诱骗态的设备无关理论实用化研究于 2013 年取得了进展，清华大学研究人员提炼出了实现公式，随后MDI - QKD 的实验验证由多个小组完成。

2. 量子密钥分发应用实验发展

在量子密钥分发系统的速率和稳定性方面，研究人员提出非平衡双 M - Z 系统、差分相位系统、F - M 系统和"plug&play"系统等实验和应用研究。为了进一步提高密钥的安全传输距离和分发效率，人们仍在不断进行理论创新，并涌现出了大量的研究成果。

2009 年，日内瓦大学的 Stucki 等人利用超低损耗光纤实现了 250 km 的长距离量子密钥分发。2012 年，中科大的 Wang 等人在标准光纤上采用超导单光子探测器和差分相移系统实现了 2 GHz、260 km 的高速长距离量子密钥分发。同时，量子密钥分发的码率也在迅速提升。例如 2010 年 Dixon 等人采用 GHz 高速单光子探测器实现了 50 km、安全密钥率超过 1 Mb/s 的量子密钥分发。另外，自由空间量子密钥分发也在快速发展。2007 年，Schmitt Manderbach 等人基于诱骗态实现了 144 km 的自由空间量子密钥分发。2008 年，Villoresi 等人通过实验证实了地面和卫星之间量子通信的可能性。2013 年，潘建伟院士等在国际上首次成功实现了星地量子密钥分发的全方位的地面验证。2014 年，Lo 等首次实现了基于偏振编码的设备无关量子密钥分发系统。2015 年，潘建伟等在国际上首次实验演示了高容错率循环差分相位量子密钥分发（RRDPS - QKD），他们在 50 km 的光纤链路上，误码率达 29% 的条件下仍然获得了安全密钥。

量子密钥分发实验日趋实用化，端对端的量子密钥分发系统的传输距离已经可达 260 km,速率已经能做到 10 GHz。设备无关量子密钥分发协议实验在光纤中最远的传输距离达到 404 km。尤其是"墨子号"卫星的试验成功,星地之间自然介质量子密钥分发得以验证。随着量子路由器和可信中继的提出,量子密钥分发将逐渐从实验室验证、短距离、低成码率的模型,发展成为网络化、远距离,以及高效率、高成码率、高稳定性的实用系统。

3.2　部分典型量子密钥分发协议

通过对相关实验研究进展的梳理,可以看出:量子密钥分发过程既可以通过光纤通信网络实现,也可以在无线空间或其他介质中实现,而且量子通信系统所采用的量子密钥分发协议种类也与传输介质相关。较为典型的量子密钥分发协议有基于非纠缠量子态的 BB84 协议、B92 协议,还有基于量子纠缠的 E91 协议等。在此重点介绍 BB84 协议、B92 协议和 E91 协议。

3.2.1　BB84 协议

目前在实验和应用设计中较为常用的协议主要是改进 BB84 协议,关于它们的安全性以及实验和应用的研究已经较为成熟。为了清晰讲解 BB84 协议的本质特点,本小节以原始的 BB84 协议为基点进行重点讲解[1]。

在介绍协议具体内容之前,需要约定基于偏振的 BB84 协议中所选择的 4 个偏振态分别为:线性水平偏振态$|\leftrightarrow\rangle$、线性垂直偏振态$|\updownarrow\rangle$、线性反对角偏振态$|\nearrow\rangle$和线性对角偏振态$|\searrow\rangle$。注意到$\langle\leftrightarrow|\updownarrow\rangle=0$,$\langle\nearrow|\searrow\rangle=0$,4 个偏振态组成两组完备基。测量基与制备基选择不一样时得到的结果有 50% 概率是不正确的。例如使用线性对角偏振基来测量水平偏振的量子态,各以一半的概率得到线性对角偏振和线性反对角偏振。

现在假定发送端 Alice 与接收端 Bob 约定用这两种偏振基中的 4 种偏振态来实现量子密钥分发(见图 3-3),操作步骤如下:

① Alice 随机地制备量子态,使其偏振处于线性水平偏振态$|\leftrightarrow\rangle$、线性垂直偏振态$|\updownarrow\rangle$、线性反对角偏振态$|\nearrow\rangle$和线性对角偏振态$|\searrow\rangle$四种中的一种态上,并将该量子态发送给 Bob。

② Bob 接收到 Alice 发送的量子态后,从垂直偏振基$\langle\leftrightarrow|\updownarrow\rangle$或对角偏振基

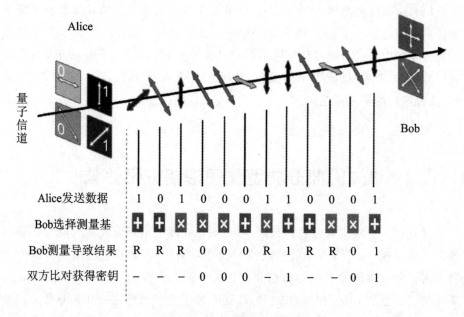

图 3 - 3　BB84 协议原理图

〈↗|↘〉中随机地选择一个来进行测量。

③ 对于每一个态,Bob 记录下测量它所使用的测量基,以及测量得到的结果,并将每次测量所用的测量基通过公开的信道告诉 Alice。实际上接收端 Bob 得到的结果包含三种情况:一是什么都没有探测到,二是选择了错误的基且得到了测量结果,三是选择了正确的基且有探测结果。

④ Alice 通过 Bob 的反馈信息,可以知道 Bob 所选用的测量基,并与自己制备量子态所用的基进行比较,然后通过公开信道告诉 Bob 端是否选择了正确的测量基。

⑤ 理论上,通信双方保留最后一种情况的结果,即选择的基相同时的测量结果,这样双方能够得到完全相同的密钥。但是实际上由于系统中存在各种各样的噪声,使得即使通信双方选择了正确的基也可能得到不一样的结果,这就出现了误码。另外,攻击者可能知道一些关于 shifted key 的信息,因此还需要引入额外的纠错过程和保密放大过程来消除这些误差和泄露的信息。

⑥ 较简单的,约定 Alice 与 Bob 随机选取部分测量结果进行比对,在选取正确测量基的情况下,出现测量结果错误,便需扔掉此次密钥,重新从第一步开展下一次。若测量结果正确,则进行下一步。

⑦ Alice 与 Bob 按预定的规则进行编码,可得到密钥。例如 Alice 和 Bob 事先约定垂直偏振基中的水平偏振态编码为"0",垂直偏振态编码为"1";而线性对角偏振基中的对角偏振态代表"0",反对角偏振态代表"1"。

BB84 协议作为第一个量子通信协议,已经衍生出诸多新型或交叉协议,该类协议中测量基与制备基不匹配的概率为 50%，因此 BB84 类协议能到达的最高效率为 50%。现阶段绝大多数量子通信实验采用了 BB84 类协议，也促使 BB84 类协议成为最接近实用化的量子通信理论协议。

3.2.2　B92 协议

B92 协议是由 Bennett 于 1992 年提出的一个量子密钥分发协议。与 BB84 协议不同，B92 协议以两个非正交的量子态为基础实现量子密钥分发，下面来描述这一协议的理论基础[2]。

若 $|\leftrightarrow\rangle$ 和 $|\searrow\rangle$ 为希尔伯特空间中的任意两个非正交量子态，且它们的内积满足如下条件：

$$|\langle\leftrightarrow|\searrow\rangle| = \cos 2\theta \tag{3-1}$$

式中：2θ 是两个非正交量子态的夹角，$0<\theta<\pi/4$。以 $|\leftrightarrow\rangle$ 和 $|\searrow\rangle$ 可构造出两个非对易投影算符（正算符），即

$$\boldsymbol{P}_{\searrow} = 1 - |\leftrightarrow\rangle\langle\leftrightarrow| \tag{3-2}$$

$$\boldsymbol{P}_{\leftrightarrow} = 1 - |\searrow\rangle\langle\searrow| \tag{3-3}$$

其中，$\boldsymbol{P}_{\leftrightarrow}$ 与 $\boldsymbol{P}_{\searrow}$ 的作用是将两个向量 $|\leftrightarrow\rangle$ 和 $|\searrow\rangle$ 分别投影到与两者正交的子空间，即

$$\boldsymbol{P}_{\leftrightarrow}|\leftrightarrow\rangle = |\leftrightarrow\rangle - |\searrow\rangle\langle\searrow|\leftrightarrow\rangle \tag{3-4}$$

$$\boldsymbol{P}_{\searrow}|\searrow\rangle = |\searrow\rangle - |\leftrightarrow\rangle\langle\leftrightarrow|\searrow\rangle \tag{3-5}$$

$$\boldsymbol{P}_{\leftrightarrow}|\searrow\rangle = |\searrow\rangle - |\searrow\rangle\langle\searrow|\searrow\rangle = 0 \tag{3-6}$$

$$\boldsymbol{P}_{\searrow}|\leftrightarrow\rangle = |\leftrightarrow\rangle - |\leftrightarrow\rangle\langle\leftrightarrow|\leftrightarrow\rangle = 0 \tag{3-7}$$

由上可见，两个投影算符具有如下重要性质：

一方面，算符 $\boldsymbol{P}_{\leftrightarrow}$ 作用在量子态 $|\searrow\rangle$ 后会将该量子态消掉，而作用在量子态 $|\leftrightarrow\rangle$ 上会得到一个确定的测量结果，且出现这种情况的概率为

$$p_{\leftrightarrow} = \langle\leftrightarrow|\rho_{\leftrightarrow}|\leftrightarrow\rangle$$
$$= 1 - |\langle\searrow|\leftrightarrow\rangle|^2 \tag{3-8}$$

其中，$\rho_{\leftrightarrow} = |\leftrightarrow\rangle\langle\leftrightarrow|$。

另一方面，算符 $\boldsymbol{P}_{\searrow}$ 作用到量子态 $|\leftrightarrow\rangle$ 上会将该量子态消掉，而作用到 $|\searrow\rangle$ 上会有一个确定的测量结果，出现这种情况的概率为

$$p_{\searrow} = \langle\searrow|\rho_{\searrow}|\searrow\rangle$$
$$= 1 - |\langle\leftrightarrow|\searrow\rangle|^2 \tag{3-9}$$

显然可得

$$p_{\leftrightarrow} = p_{\searrow} \qquad\qquad (3-10)$$

由于 $|\leftrightarrow\rangle$ 和 $|\searrow\rangle$ 非正交,因而它们满足量子不可克隆定理。

根据上述理论基础(见图 3-4),可以给出 B92 协议,具体步骤如下:

① Alice 制备一个随机量子态序列,序列中的每个量子态随机地处于二维希尔伯特空间中任意两个非正交的量子态 $|\leftrightarrow\rangle$ 和 $|\searrow\rangle$ 之一。

② Alice 通过量子信道以固定的时间间隔 $\Delta\tau$ 将序列中的量子态发送给 Bob。

③ 对收到的每个量子态,Bob 随机选取测量基 $\{\leftrightarrow, \updownarrow\}$ 或 $\{\searrow, \nearrow\}$ 与之作用。

④ Bob 告知 Alice 所获得确定测量结果的量子态的位置和所选用的测量基。

⑤ 对信道进行窃听检测,方法与 BB84 协议相同,Alice 从 Bob 采用正确测量基中,选取部分与 Bob 进行比对,当错误率低于预先设定的阈值时,双方获得密钥。

⑥ Alice 和 Bob 对上述得到的密钥进行纠错以及保密加强处理等,便可产生最终的安全密钥。

B92 协议是 BB84 协议的衍生品,其简化了量子态制备的种类,仅使用了 2 个非正交态而非 4 个,在测量基上仍能与 BB84 协议保持一致,因此从安全性和测量效率等方面两者基本保持一致。

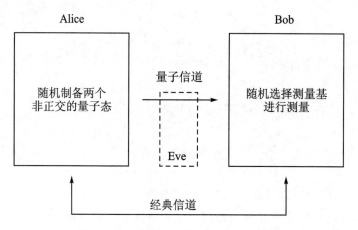

图 3-4　使用非正交基的 B92 协议过程简图

3.2.3　E91 协议

1991 年,Ekert 提出了一种利用纠缠光子对(EPR 对)来进行量子密钥分发的方法,被称为 E91 协议[3]。EPR 纠缠光子对中 2 个光子的量子态具有关联特性。例如对于这样一个纠缠态:$|\psi(A,B)\rangle = (1/\sqrt{2})(|0_A 1_B\rangle - |1_A 0_B\rangle)$,Alice 和 Bob 各自可以选择 3 种不同的测量方向对光子进行测量。发送者 Alice 可以选择的测量方向

有：$\phi_1^a = 0$，$\phi_2^a = \dfrac{\pi}{4}$，$\phi_3^a = \dfrac{\pi}{2}$；Bob 可以选择的测量方向有：$\phi_1^b = \dfrac{\pi}{4}$，$\phi_2^b = \dfrac{\pi}{2}$，$\phi_3^b = \dfrac{3\pi}{4}$。

双方每一次测量都可能有两种结果：$+1$ 表示处于第一种偏振态，-1 表示处于第二种偏振态。考虑相关量：

$$E(a_i, b_j) = p_{++}(a_i, b_j) + p_{--}(a_i, b_j) - p_{+-}(a_i, b_j) - p_{-+}(a_i, b_j)$$

$$(3-11)$$

式中：$p_{++}(a_i, b_j)$ 表示双方测量的结果都为 $+1$ 的概率；$p_{--}(a_i, b_j)$ 表示双方测量的结果都为 -1 的概率；$p_{+-}(a_i, b_j)$ 表示 Alice 测量的结果为 $+1$、Bob 测量的结果为 -1 的概率；$p_{-+}(a_i, b_j)$ 表示 Alice 测量的结果为 -1、Bob 测量的结果为 $+1$ 的概率。由量子力学原理可知：

$$E(a_i, b_j) = -a \cdot b_j \qquad (3-12)$$

说明如果双方选择相同的测量方向，那么他们的测量结果应该相反。

定义平均相关系数为

$$S = E(a_1, b_1) - E(a_1, b_3) + E(a_3, b_1) + E(a_3, b_3) \qquad (3-13)$$

那么无扰动时的相关系数为 $S = -2\sqrt{2}$，一旦量子态受到扰动，那么 S 的绝对值一定小于 $2\sqrt{2}$。利用这个性质，可以检测密钥分发过程中有无窃听。

如图 3-5 所示，E91 协议的主要步骤如下：

① Charlie 制备处于纠缠态的两粒子。

② Charlie 将纠缠粒子对中的一个发送给 Alice，另一个发送给 Bob。

③ Bob 收到光子后，Alice 和 Bob 分别独立地对自己的光子进行测量。假如 Alice 测量得到自己的光子处于 0 态，那么 Bob 的光子也必定处于 0 态，反之亦然。

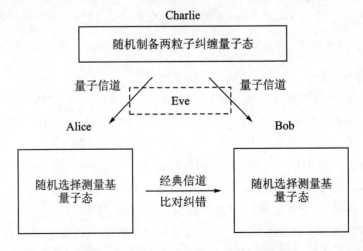

图 3-5 使用纠缠态的 E91 协议过程简图

④ Alice 和 Bob 分别对各自的测量结果进行编码,得到原始密钥并利用 Bell 不等式检测有无窃听。假如他们的测量结果遵循 Bell 不等式,则说明通信过程中存在窃听,终止通信;否则,说明没有窃听,继续下一步。

⑤ Alice 和 Bob 对原始密钥进行纠错以及保密放大等操作,最终得到安全密钥。

E91 协议中每一对 EPR 对可以生成 1 比特的密钥,因此效率比较高,另外 E91 协议也可进一步用于钥匙存储,只有在需要时进行量子测量,才可以形成密钥,当然,这需要进一步的长久纠缠态保持技术支撑。在实用性上,BB84 协议和 B92 协议都是利用单光子来进行密钥分发的,单光子的制备和测量相对容易;而 E91 协议需要用到高纯度的纠缠源,因此实现起来相对困难。

3.2.4 典型协议安全性分析

针对 BB84 等典型协议,在此主要分析截获-重发的个体攻击(Individual Attack)、集体攻击(Collective Attack)和相干攻击(Coherent Attack)下的情况。

关于截获-重发攻击:首先,窃听者 Eve 对 Alice 发给 Bob 的光子进行截获。由于不知道 Alice 的制备基矢,所以 Eve 只能随机选择某个基矢进行测量。随后,Eve 根据其测量结果来制备和发送对应的偏振态给 Bob。由于 Eve 有 $\frac{1}{2}$(假设 Alice、Bob、Eve 的随机基矢选择都是平衡的)的概率选择和 Bob 不同的基矢,所以在 Alice 和 Bob 保留的相同基矢的有效计数部分里,Bob 有 $\frac{1}{4}$ 的概率探测到错误的结果。最终,Alice 和 Bob 经过基矢比对后,原始密钥的误码率为 25%。实际误码率与 Eve 的截获-重发的概率有关,为截获-重发概率的 $\frac{1}{4}$。如此高的误码率必然会引起 Alice 和 Bob 的警觉和处理,保障密钥分发的安全性。

集体攻击、相干攻击等情况:对于这些攻击,Lo 和 Chau 通过纠缠提纯的方法证明了 BB84 协议的安全性[4]。当然,这个证明存在一定的前瞻性,因为在证明过程中需要利用量子计算机,目前实际系统还无法实现量子计算机,所以这种实现安全密钥提取的方法还很困难。之后,针对纠缠改进的 BB84 协议,Preskill[5] 基于 Lo 和 Chau 纠缠提纯的思路,以及 Mayers 隐含 CSS 纠错码思想,提出了一种更简洁的证明方法,可以去掉对量子计算机的条件假设。Preskill 将 CSS 量子纠错码用于纠缠提纯使得双方共享完美的纠缠态。然而,这量子纠错码既要纠正比特错误,又要纠正相位错误。后来,Lo 等人的进一步研究将这个要求也去掉了,证明了纠正比特错误和相位错误可以分开实现[6]。于是,CSS 量子纠错码中,比特纠错可以等价为经典的纠错码,用现有经典信息处理技术可以实现安全成码的提取。

诚然,经过多轮论证,基于纠缠提纯的思想可以展现 BB84 等协议在集体攻击、相干攻击下的安全性,但也有一定的局限性,因为上述论断只限于单光子情况,不能应用于存在编码信息复制的多光子情况。比如单量子态中的多光子成分和纠缠态中的多纠缠态情况。在存在多光子情况时,Eve 可以采取一种光子分离攻击(Photon Number Splitting Attack,PNSA)攻击截获有效信息[7]。为了解决这个问题,安全性分析需要考虑单光子成分所占的比例而不能忽略多光子成分。

另外,在 B92 这类协议中,可用测量结果也降低了一半。在没有噪声影响和攻击者的情况下,Bob 在每一次测量中,获得测量结果是 $|\leftrightarrow\rangle$ 或 $|\searrow\rangle$ 的概率为

$$p_t = \frac{1 - |\langle\leftrightarrow|\searrow\rangle|^2}{2}$$

$$= \frac{1}{2}\sin^2(2\theta) \tag{3-14}$$

可见,当窃听者存在时,在 p_t 接近 25% 的测量结果中,有 1/4 比例的错误由 Eve 引入,但是由于信道的消耗、背景噪声等影响,使得真正有效的测量结果与检测阈值、窃听导致误码率之间不再有数据量上的明显优势,给安全性造成隐患。

3.3 诱骗态 MDI - QKD 协议

在实际量子密钥分发系统中,探测器等物理器件和设备也会带来一定的安全漏洞,为了彻底免疫探测器端的所有攻击,Braunstein 和 Lo 的团队分别提出了测量设备无关量子密钥分发(MDI - QKD)协议。这里介绍 Lo 等人的诱骗态 MDI - QKD 方案,其方案的基本原理如图 3-6 所示[8]。

图 3-6 中 WCP 表示弱相干脉冲;Pol - M 表示偏振调制器,用于制备相应偏振的量子态;Decoy - M 表示强度调制器,用于调制产生不同强度的诱骗态;BS 表示分束器,分数比为 50∶50;PBS 表示偏振分束器;D_{1H}、D_{1V}、D_{2H} 和 D_{2H} 表示 4 个单光子探测器。

由于缺乏完美的单光子源,类似前述典型协议,在诱骗态 MDI - QKD 协议中通常也是使用弱相干光源。图 3-6 中,诱骗态 MDI - QKD 协议的具体流程描述如下:

① 合法通信双方 Alice 和 Bob 使用相位随机化的弱相干脉冲,通过偏振调制器随机地制备 4 种偏振态 $|H\rangle$、$|V\rangle$、$|+\rangle$ 和 $|-\rangle$,然后使用光调制器随机地调制诱骗态的强度,之后将相应的量子态发送给不可信的第三方(可以是窃听者)进行 Bell 态的投影测量。

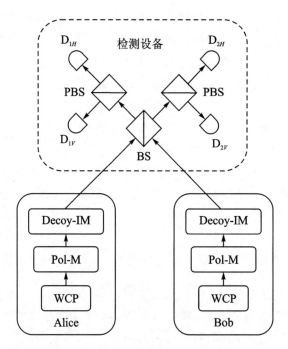

图 3 - 6　诱骗态 MDI - QKD 协议图

② 在测量装置中,Alice 和 Bob 发送的量子态在一个分数比为 50∶50 的分束器处发生干涉,在两条输出路径上分别放置了一个偏振分束器,以便将光子投影到水平偏振态或者垂直偏振态。4 个单光子探测器 D_{1H}、D_{1V}、D_{2H} 和 D_{2H} 进行探测。该装置可以区分 2 个 Bell 态,即

$$| \psi^- \rangle = \frac{1}{\sqrt{2}}(| HV \rangle - | VH \rangle)$$

$$| \psi^+ \rangle = \frac{1}{\sqrt{2}}(| HV \rangle + | VH \rangle)$$

其中,$| \psi^- \rangle$ 对应的是探测器 D_{1H} 和 D_{2V} 同时响应,或者 D_{1V} 和 D_{2H} 同时响应;$| \psi^+ \rangle$ 对应的是探测器 D_{1H} 和 D_{1V} 同时响应,或者 D_{2H} 和 D_{2V} 同时响应。其他任意的响应结果均是不成功的测量。测量装置公布其成功的 Bell 态测量结果,Alice 和 Bob 保留那些与成功的 Bell 态测量结果对应的数据信息。

③ Alice 和 Bob 执行与 BB84 协议相同的对基操作,即仅保留那些基矢匹配的事件对应的密钥。之后,为了使 Alice 和 Bob 的密钥是相关的,Alice 和 Bob 还需要对某些情况下的密钥进行比特反转操作,如表 3 - 1 所列。需要说明的是表 3 - 1 中 ZZ(XX)基表示 Alice 和 Bob 制备量子态时选择的基矢均是 $Z(X)$ 基。

表 3 - 1 诱骗态 MDI - QKD 协议比特反转对照表

Alice 和 Bob 的基矢	测量结果 $|\psi^-\rangle$	测量结果 $|\psi^+\rangle$
ZZ 基	比特反转	比特反转
XX 基	比特反转	比特不反转

④ Alice 和 Bob 得到如下所示的方程:

$$Q_{\mu_k \nu_l}^w = \sum_{m,n}^{\infty} P_{m,n}^{\mu_k \nu_l} Y_{m,n}^w \qquad (3-15)$$

$$E_{\mu_k \nu_l}^w Q_{\mu_k \nu_l}^w = \sum_{m,n}^{\infty} P_{m,n}^{\mu_k \nu_l} e_{m,n}^w Y_{m,n}^w \qquad (3-16)$$

式中:w 表示 Alice 和 Bob 选择的基;$P_{m,n}^{\mu_k \nu_l}$ 表示 Alice 和 Bob 分别发送强度为 μ_k 和 ν_l 的脉冲中分别包含 m 光子和 n 光子的联合概率;$Y_{m,n}^w$ 表示在 w 基时 Alice 和 Bob 分别发送 m 光子和 n 光子情况下的计数率;$Q_{\mu_k \nu_l}^w$ 表示在 w 基时 Alice 和 Bob 分别发送强度为 μ_k 和 ν_l 的脉冲时的总增益;$e_{m,n}^w$ 表示在 w 基时 Alice 和 Bob 分别发送 m 光子和 n 光子情况下的误码率;$E_{\mu_k \nu_l}^w$ 表示在 w 基时 Alice 和 Bob 分别发送强度为 μ_k 和 ν_l 的脉冲时的总误码率。

根据式(3-15)和式(3-16),Alice 和 Bob 可以估算出相应的计数率下界和误码率上界。

⑤ Alice 和 Bob 对其拥有的密钥进行后处理。在获得筛选密钥之后,经过经典信道,通信双方随机比较他们的部分值,并计算量子误码率(Quantum Bit Error Rate,QBER)。如果 QBER 满足需求,则他们可以使用数据协调算法实行纠错,再经过私密放大,最后可获得无条件安全的密钥。

基于诱骗态的 MDI - QKD 协议具有抗粒子分束攻击和设备安全漏洞的能力,该方案的提出更加坚定了量子密钥分发的理论安全性,从一定程度上推动了量子密钥分发的实用化进程。当然,由于全设备无关的量子密钥分发方案存在一定的技术壁垒,所以结合了诱骗态的半设备无关的量子密钥分发方案或许会在后面的研究中走在前列。

3.4 注 记

起初,量子态的海森堡测不准原理和量子不可克隆原理,让人们无法理解,甚至认为是其特异性缺点。但随着量子理论与交叉学科融合研究的深入,一再证明基于量子理论的量子通信技术具有其特有的巧妙优势。更为突出的,量子密钥分发作为量子通信领域中技术研究相对较为成熟的方向,已经在理论协议、实验验证和实用化研究等方面走在了相关研究方向的前列。

　　量子密钥分发在密码学研究中的理论安全性已经得到了诸多安全评估框架较为充分的证明,包括通用可组合安全性框架、抽象密码体系框架和认证密钥交换框架等,丰富的量子密钥分发软硬件产品已经通过了国家密码局的密码产品认证,部分相关量子安全产品研发公司甚至得到了量子密码产品市场营销资质。

参考文献

[1] Bennett C H, Brassard G. Quantum cryptography: public-key distribution and coin tossing[C]//IEEE International Conference on Computers, Systems and Signal Processing. New York: IEEE: 1984, 175-179.

[2] Bennett C H. Quantum cryptography using any two no orthogonal states [J]. Physical Review Letters, 1992(68): 3121.

[3] Ekert Artur K. Quantum cryptography based on Bell's theorem [J]. Physical Review Letters, 1991, 67(6): 661.

[4] Lo H K, Chau H F. Unconditional security of quantum key distribution over arbitrarily long distances [J]. Science, 1999, 283: 2050.

[5] Shor P W, Preskill J. Simple Proof of Security of the BB84 Quantum Key Distribution Protocol [J]. Physical Review Letters, 2000, 85(2): 441-444.

[6] Lo H K. Method for decoupling error correction from privacy amplification [J]. New Journal of Physics, 2003, 5: 36.

[7] Brassard G, Lütkenhaus N, Mor T, et al. Limitations on Practical Quantum Cryptography[J]. Physical Review Letters, 2000, 85(6): 1330-1333.

[8] Lo H K, Curty M, Bing Q. Measurement-Device-Independent Quantum Key Distribution [J]. Physical Review Letters, 2012, 108(13): 130503.

第4章　量子安全直接通信

随着量子技术的发展愈加迅速和普及,量子理论为人们提供的安全保障给颠覆性保密通信打开了一扇窗,那么能否利用量子信道直接传递保密信息呢?答案是肯定的。研究基于量子理论的安全直接通信主要出自两个方面的需要:第一,是科学探索的需要,这可以从一定程度上帮助人们认识量子通信的能力极限;第二,是一些紧急和确定的密码任务需求,例如在投票、竞标和电网等任务中,不仅需要安全而且时间迫切。

量子安全直接通信是量子通信中的一个重要分支,它是一种不需要事先建立密钥而直接传输保密信息的通信模式。本章将介绍量子安全直接通信的内涵及其与量子密钥分发的关系,梳理量子安全直接通信的发展历程。从最早的高效量子安全直接通信协议、两步量子安全直接通信模型、量子一次一密直接通信模型等,到抗噪声的量子安全直接通信模型,基于单光子多自由度量子态及超纠缠态的量子安全直接接通信模型,最后针对量子安全直接通信进行简要注记。

4.1　量子安全直接通信的原理与发展

量子密钥分发具有在线探测窃听者(On-Site-Detection of Eve,ODE)的能力,不过一旦发现窃听就意味着之前传输的数据存在已经泄露的风险,即信息前泄露(Information Leakage Before Eve Detection,ILBED)。因此多数量子密钥分发只能传输随机数据,一旦发现有窃听,即可抛弃之前已经传输的随机数据。而如果确认没有窃听,则可将传输的数据留下作密钥使用。而传输保密信息时就不能这样处理,一旦泄露则无法挽回。量子安全直接通信(Quantum Secure Direct Communication,QSDC)不仅具有在线检测窃听的能力,而且还有防信息前泄漏的能力(Obliteration of Information Leakage Before Eve Detection,OILBED),接收者可以通过测量量子态直接读取保密信息。

4.1.1　量子安全直接通信原理

　　量子安全直接通信是指通信双方以量子态为信息载体,利用量子力学原理,通过量子信道传输,在通信双方之间安全无泄露地直接传输有效信息的一种量子通信方式,其原理框图如图 4 - 1 所示。

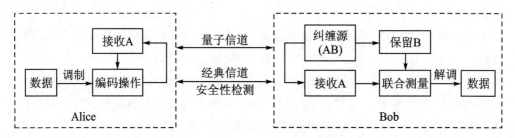

图 4 - 1　量子安全直接通信原理框图

　　通信时:Bob 端制备纠缠源 AB,将 A 传送给 Alice;Alice 进行不改变测量基矢的幺正操作,即编码加密信息,并将编码后的 A 传送回 Bob;Bob 利用接收到的 A 和保留的 B 进行联合测量,得到的结果便可解调出 Alice 编码的数据。

　　安全检查时:传输过程中窃听者可能得到操作后的量子态,但因不知系统初态,就无法读取量子幺正操作信息。此外,用于通信的量子态不只是一组基矢的本征态,在多组基矢的本征态综合排列后,窃听者极难准确读取操作后加载于量子态上的秘密,这从物理原理上可保证量子安全直接通信的安全性。还有,利用数据的块状传输,来保证通信双方可进行基于随机抽样统计的安全性分析。若存在窃听,则窃听行为在分析结果中会有所体现,应放弃传输保密;若不存在窃听,则通过分布传输可保证量子幺正操作加载的加密信息不会泄露。可看出,量子安全直接通信中合法的接收者应具备直接读取加密信息的能力,不能依赖于任何经典辅助信息。

　　判断量子通信方案是否可实现真正的安全直接通信时,关注点应在于方案能否实现秘密信息的直接传输且没有泄露。因此,邓富国、龙桂鲁等人提出了 Deng-Long 判据[1]用于进行辅助判断:

　　① 借助量子信道传输量子态,只在安全性分析、出错率估计时需要少量经典信息交换,接收方可直接读取加载在量子态上的加密信息。

　　② 窃听只能得到与加密信息无关的随机结果。

　　③ 通信双方在量子态加载秘密之前,就应判断出信道中是否存窃听。数据应分块传输且应加载于量子态上。

4.1.2 量子安全直接通信与量子密钥分发

值得注意的是,部分人员早期曾经将量子安全直接通信和确定的量子密钥分发(Deterministic Quantum Key Distribution,DQKD)相混淆。确定的量子密钥分发有时也被称为确定安全量子通信(Deterministic Secure Quantum Communication),为了避免混淆,后来人们更多地将其称为确定的量子密钥分发。

再稍微回顾一下:量子密钥分发是先通过量子信道分发密钥,再利用密钥加密信息,通过经典通信传输加密后的密文,以此来达到传输秘密信息的目的。而在确定的量子密钥分发中,可以首先选择密钥,利用密钥将信息加密,通过量子信道传输加密后的密文,在确定没有窃听后再通过经典信道将密钥公布。如果发现有窃听,则放弃传输。由于通信双方是在确保窃听者没有截获密文的情况下才公布密钥的,因此保证了信息的安全。

从表面上看,确定的量子密钥分发与量子安全直接通信似乎一样,都可以确定地传输事先确定的数据,但是两者的根本区别在于能否消除信息前泄露:确定的量子密钥分发无法保证消除信息前泄露,因此不能进行直接通信,而量子安全直接通信具有保证消除信息前泄露的能力。另外,还可以从是否需要额外信息区别两者:在量子安全直接通信中,信息接收方可以通过测量量子态"直接"读取保密信息,而在确定的量子密钥分发中还需要额外的经典信息来读出信息。此外,从技术层面上看,是否使用块传输技术也可作为一个判断标准,如果没有使用块传输技术,一般可确定不是量子安全直接通信。

4.1.3 量子安全直接通信协议发展

首个量子安全直接通信协议是由清华大学龙桂鲁和刘晓曙在 2000 年初提出的[2]。该方案针对当时量子通信不能直接传输保密信息的问题,将大数中心分布定理推广到量子体系,发明了量子数据块传输与分步传输方法,解决了信息前泄露难题,为量子安全直接通信的发展扫除了物理原理上的障碍。由于其具有效率高的优点,称为高效量子安全直接通信协议。2002 年,Beige 等提出了一个基于单光子两自由度两比特量子态的量子安全直接通信协议(实际为确定的量子密钥分发协议),但是随后 Beige 等人认识到这一方案存在信息泄露的隐患,只能认为是完成两自由度单光子量子态的 BB84 协议。同年,Boström 和 Felbinger 借鉴了龙桂鲁和刘晓曙的思想,提出了使用纠缠态实现的量子安全直接通信乒乓协议,该协议只能做到近似安全,并不具有无条件的理论安全性,多个研究组明确指出乒乓协议的安全漏洞,不是一个真正的量子安全直接通信协议。

2003年,邓富国、龙桂鲁和刘晓曙三人提出了基于纠缠光子EPR对的两步量子安全直接通信方案;同年,邓富国和龙桂鲁又提出了一种使用量子密集编码方案的量子安全直接通信方案。在这两个方案中,研究人员首次提出了量子安全直接通信需要满足的条件,阐明了量子安全直接通信的物理机理,给出了量子安全直接通信的构造原理和安全判据,为后续协议设计提供了理论依据,极大地推动了量子安全直接通信的发展。2004年,Fengli Yan等人展现了使用近似量子隐形传态的量子安全直接通信协议。随后,人们根据各种不同的量子信号源,借助数据块传输方法与两步方案给出的构造原理,提出了多种较好方案。例如,2005年,Chuan Wang发明了一种基于高维超密集编码的量子安全直接通信协议和一个多步的量子安全直接通信协议。同年,Lucamarini与Mancini采用与一次一密量子安全直接通信方案相同的物理原理,构建了一个基于单个光子量子态的确定通信方案,并讨论了窃听以及环境噪声对通信的影响。由于它的物理原理与一次一密量子安全直接通信方案完全一样(即它是后者量子数据块中光子数为1的情形),但又由于没有使用量子数据块传输而失去了直接通信的安全性,所以部分学者未将它归为量子安全直接通信方案,其与邓富国和龙桂鲁于2004年提出的四态两步量子密钥分发方案一样,只可用于产生密钥。之后,Zhongxiao Man和Zhanjun Zhang等人也提出利用量子纠缠交换(Quantum Entanglement Swapping)完成确定的量子安全直接通信。Aidong Zhu等人使用对量子重新进行排列的方法实现了量子安全直接通信。

李熙涵等人在2007年提出了基于量子加密的量子安全直接通信方案。2008年,林崧等人提出了基于X型纠缠态的量子安全直接通信方案。2011年,顾斌等人首次研究了噪声条件下的量子安全直接通信。同年,王铁军等人首次提出了基于光子对两自由度超纠缠Bell态的高容量量子安全直接通信方案。此后,研究者们还提出了一些基于不同量子信道的量子安全直接通信方案。除了基于光量子态的量子安全直接通信外,研究者们还提出了基于连续变量和基于相干态的量子安全直接通信方案。

除点对点的量子安全直接通信方案外,人们也讨论了利用服务器完成制备和测量等操作的量子安全直接通信网络方案。量子安全直接通信是近年来量子通信的研究热点之一,在本章中,将主要介绍量子安全直接通信方式的代表性方案。

4.2　部分量子安全直接通信协议

量子安全直接通信以其特有的通信模式优势,在经典通信和量子通信中占据了不可替代的地位,获得了研究人员的广泛关注和发展,下面重点介绍其中的一些代表性协议方案,希望能让读者对这一领域的典型协议方案有一定的了解和认识。

4.2.1　高效量子安全直接通信协议

如前所述,龙桂鲁和刘晓曙[2] 于 2000 年初提出了一个基于 EPR 对的高效量子安全直接通信协议。协议中,一个 EPR 对可以是 4 个贝尔态(Bell State)之一,即

$$\left. \begin{aligned} |\phi^{\pm}\rangle_{AB} &= \frac{1}{\sqrt{2}}(|00\rangle \pm |11\rangle) \\ |\varphi^{\pm}\rangle_{AB} &= \frac{1}{\sqrt{2}}(|01\rangle \pm |10\rangle) \end{aligned} \right\} \tag{4-1}$$

通信双方 Alice 和 Bob 事先约定这 4 个态分别编码为 00,01,10,11。发送者 Alice 首先制备 N 个 EPR 对组成的序列：$[(PA_1;PB_1);(PA_2;PB_2);\cdots;(PA_i;PB_i);\cdots;(PA_N;PB_N)]$,每一个 EPR 对根据不同的确定信息编码为 4 个贝尔态之一。这里的下标 A,B 代表处于同一个贝尔态的两个粒子,数字代表不同的纠缠粒子对。

① Alice 将每个 EPR 对中的 B 粒子取出构成粒子序列 SB($[PB_1;PB_2;PB_3;\cdots;PB_N]$),并将其传输给远距离的接收方 Bob,自己手中保留粒子序列 SA($[PA_1;PA_2;PA_3;\cdots;PA_N]$)。

② Bob 接收到粒子序列 SB 后,从中随机选取足够数量的样本进行测量并告诉 Alice 粒子的位置、测量基及结果。

③ Alice 随后对相应的粒子采用相同的基矢进行测量并记录结果。

④ 随后 Alice 和 Bob 通过经典信道比对测量结果判断信道是否被窃听,即进行本方案的第一次安全性检测。

⑤ 当通信双方确认信道安全时,Alice 将手中余下的粒子序列 SA 发送给 Bob。

⑥ Bob 收到后对对应的粒子对进行贝尔态分析并记录测量结果。

⑦ Alice 和 Bob 选择足够多的样本进行第二次安全性检测,若出错率低于某一

确定的阈值,则 Bob 将剩下的测量结果作为裸码保存下来。

⑧ 随后经过保密放大等一系列处理,通信双方可建立一组用于保密通信的安全密钥。

在高效量子安全直接通信方案中,除用于检测的样本外,每一个 EPR 对都可携带 2 比特的信息,信道容量高,是其他利用 EPR 对的量子密钥分发方案的 2 倍(如 Ekert91 协议和 BBM92 协议)。除检测外,每一个粒子都可以用于传输信息,通信效率比 BB84 协议高 1 倍。还有,方案中载有信息的纠缠粒子对是分两步传输的,窃听者每次只能窃取纠缠粒子对的一部分,得不到纠缠体系的全部信息,从而保障了共同密钥的安全。此方案虽然是为共同密钥分发设计的,但其发明的块状传输与分步传输的特点正好满足了量子安全直接通信的必要条件,且明确提到传输所有用户在传输前就已生成的共同密钥(Common Key),即确定信息的直接传输,所以一般被认为是第一个量子安全直接通信方案。

4.2.2 乒乓协议

乒乓协议由 Bostrom 和 Felbinger 在 2002 年提出[3]。协议把信道划分成为两种模式:一种为消息模式,另一种为控制模式。二者之间的切换由信息发送者掌控,并且具有随机性,此种设计便于检测信道里是否存在窃听者。顾名思义,消息模式用在发送端与接收端之间传递信息,而控制模式用于窃听检测。协议简要框架如图 4-2 所示。

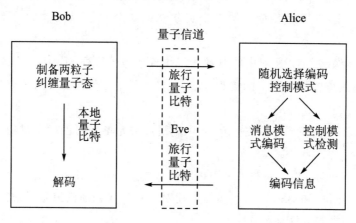

图 4-2　原始乒乓协议示意图

下面简要描述协议的具体过程:

① 以量子纠缠原理为基础,分解大量处于纠缠态的粒子对,使之成为两个序列,

即将某对纠缠态其中一个粒子保留在本地,另一个粒子用作检测。由 Bob 制备最大纠缠光子对

$$|\Phi^+\rangle_{AB} = (1/\sqrt{2})(|01\rangle_{AB} + |10\rangle_{AB}) \tag{4-2}$$

Bob 将其中的 A 光子(称为旅行光子)发送给 Alice。另外的 B 光子,称为本地光子,保存在本地。

② Alice 以一定的概率分别执行消息模式和控制模式。在消息模式中,Alice 随机地从两个操作 I_A 和 Z_A 中选择一个编码它的比特信息。其中 I_A 为单位算符,即不做任何操作;Z_A 为相位翻转操作,Bob 保存的本地光子相当于做单位操作 I_B,Alice 测量后将光子返还 Bob。

③ 可以验证,Bob 制备的最大纠缠 Bell 态在 Alice 的操作后变为

$$I_A \otimes I_A |\Phi^+\rangle_{AB} = |\Phi^+\rangle_{AB} Z_A \otimes I_A |\Phi^+\rangle_{AB}$$
$$= |\Phi^-\rangle_{AB} \tag{4-3}$$

这样,Alice 进行操作 I_A 时,Bob 接收到的 Bell 态不变;Alice 进行操作 Z_A 时,Bob 接收到的 Bell 态变为正交的 $|\Phi^-\rangle_{AB}$。因此,Bob 可以通过 Bell 态测量来区分 Alice 做的操作。

④ 约定当 Alice 操作为 I_A 和 Z_A 时,编码的比特分别为 0 和 1。这样,Bob 得到与 Alice 编码信息相同的密钥。

协议还需要通过控制模式对信道中的窃听进行检测。在控制模式中,Alice 对收到的量子态进行测量,并把测量结果公布给 Bob。Bob 同样进行测量,并将自己的测量结果与 Alice 的测量结果进行比较。在理想情况下,两者的测量结果总是相反的。当出现相同测量结果时就说明可能存在窃听者。如果测量结果相同的比例过高,就要终止本轮协议,进行下次协议。

乒乓协议的安全性备受争议,但不可否认,乒乓协议为解决量子通信体系的其他难题提供了解决思路,是众多高效协议的灵感来源,各种基于乒乓协议的改进策略也层出不穷,极大地丰富了量子通信理论。

4.2.3 LM05 协议

LM05 协议由 Lucamarini 和 Mancini 在 2005 年提出[4]。这个协议将乒乓协议需要的纠缠光源替换成 BB84 协议中的 4 个量子态。该协议受到乒乓协议问题的启发,其安全性基于非正交态的不可区分性。协议在检测窃听的控制模式下,增加由 Alice 发回给 Bob 的步骤,这增强了对窃听者的检测能力。LM05 协议原理图如图 4-3 所示。

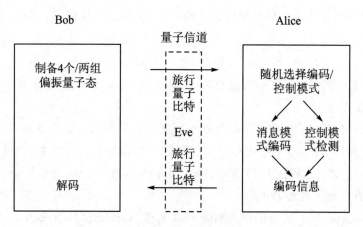

图 4 - 3　LM05 协议原理图

① Bob 首先制备 BB84 协议中的 4 个偏振态 $|H\rangle$、$|V\rangle$、$|+\rangle$ 和 $|-\rangle$ 中的一个，并将其发送给 Alice。

② 消息模式与乒乓协议中类似，Alice 执行的两个操作为 I_A 和 iY_A。其中 I_A 为单位操作，编码为比特 0；$iY_A = Z_A X_A$ 为比特和相位均翻转的操作。iY_A 操作示意如下：

$$iY(|H\rangle, |V\rangle) = (-|V\rangle, |H\rangle) \atop iY(|+\rangle, |-\rangle) = (|-\rangle, -|+\rangle)\Bigr\} \tag{4-4}$$

③ Bob 对收到的量子态进行测量，测量基与其制备量子态的基相同。这样，Bob 就确定性地知道 Alice 的编码操作，得到与 Alice 编码信息相同的密钥。

在控制模式下，LM05 协议与乒乓协议不同，Alice 随机地选择使用测量基进行测量，并且将测量塌缩后的量子态重新发送给 Bob。Bob 仍然按照制备量子态的基对接收到的光子进行测量。此时，Bob 并不知道 Alice 选择消息模式还是控制模式。Alice 的模式选择是在这个传输过程结束后公布。这样，Alice 和 Bob 测量得到的数据可以通过三种特征进行比较：Bob 制备量子态直接由 Alice 测量；Bob 测量 Alice 在控制模式下测量塌缩后返回的量子态；Bob 测量 Alice 在消息模式下进行编码后返回的量子态。这三种特征形成了双关联，任意关联的打破就会说明窃听者的存在。

4.2.4　两步量子安全直接通信协议

邓富国等人于 2003 年基于量子密集编码（Quantum Dense Coding）提出了一个安全的量子安全直接通信方案[1]，由于方案由两个主要的步骤构成，一般称为"两步方案"（Two-Step QSDC）。该方案同样基于 EPR 纠缠粒子对，理论上每一个光子可以携带 1 比特的信息,具有较高的信道容量。方案中,即使窃听者截获量子态也不能获取任何有用的信息。

① 通信的接收方 Bob 首先制备一组 Bell 纠缠态量子对 $|\psi_{00}\rangle_{HT}$,其中下角标 HT 分别代表,留在 Bob 处的光子,以及 Bob 即将通过量子信道发送给 Alice,并在 Alice 进行操作之后传回给 Bob 的光子。

② Bob 每次从纠缠态中取一个光子,并组成量子序列 $[P_1(H), P_2(H), P_3(H), \cdots, P_N(H)]$,将其称为 H 序列,而每一对纠缠态剩下的光子则组成 T 序列。下角标 N 代表着第 N 个纠缠态。

③ Bob 将 T 序列通过量子信道发送给通信的发送方 Alice,然后通过以下的方法来检测监听者:

➤ Alice 随机从 T 序列选取一些量子态,称其为第一组样本,然后使用一组随机的测量基对第一组样本进行单光子测量。

➤ Alice 通过经典信道通知 Bob 第一组样本在序列中的序号以及测量所用的测量基。

➤ Bob 根据 Alice 的通知,使用相同的测量基对 H 序列对应序号的量子使用和 Alice 同样的测量基进行单光子测量。

➤ Bob 根据自己和 Alice 的测量结果来计算错误率,如果错误率(QBER)低于某个阈值,则说明 T 序列的传输是安全的。否则,如果错误率高于阈值,则说明存在窃听者,应该放弃通信。又因为第一组样本不包含任何传输的保密信息,只用作安全检测,所以即便存在窃听者,那么其在自身被发现之前也无法获取任何有用的信息。

④ Alice 对 T 序列剩余的序列 T',依次利用对应的 4 个幺正变换进行密集编码。同时,Alice 需要继续随机地选取一些光子,进行单光子测量,把这部分光子称为第二组样本。第二组样本主要用于下一次的安全检测。

⑤ Alice 将编码完成的 T' 序列发送给 Bob,Bob 在接收到 T' 序列后,和与之对应的自己的保留 H' 序列(即 H 序列在做完第一次安全检测后剩余额光子)中的纠缠态量子对进行 Bell 联合测量,从而读出 Alice 所做的幺正变换操作信息,根据双方约定的密集编码形式,即可得出最终 Alice 要发送给 Bob 的消息。

⑥ Alice 通过经典信道通知 Bob 第二组样本在序列中的序号以及测量所用的测量基。Bob 根据 Alice 的通知,使用相同的测量基对 H' 序列对应序号的量子态使用和 Alice 同样的测量基进行单光子测量测量。Bob 根据自己和 Alice 的测量结果来计算错误率,如果错误率低于某个阈值,则说明 T' 序列的传输是安全的;否则,如果错误率高于阈值,则说明存在窃听者,应该放弃通信,这是第二次安全检测。

⑦ 随后 Bob 和 Alice 再进行检错和纠错操作。

在两步方案中,安全性检测的过程需要对粒子序列进行存储,这对实验技术的要求较高。正如两步方案描述的那样,在实际应用过程中可以采取光学延迟的办法来替代存储,降低实验成本。在两步方案中,信道是否被窃听由两次安全性检测判断,每一次传输需要一次安全性检测。保密信息的安全由分步传输来保障,检测序列的安全传输保证了保密信息传输的安全,窃听者不能同时拥有携带信息的两个部分,因而即使窃听也不能获得任何有意义的信息。两步方案还明确指出了量子数据块传输的好处:可以检查检测序列的安全,一旦它安全了,保密信息就不可能泄露给窃听者。在有噪声的环境下,两步方案可以利用纠缠纯化与冗余编码的方式完成保密信息的直接传输,因此从理论上讲,这是一个完美的量子安全直接通信方案。

2008 年,基于两步量子安全直接通信方案的原理,林崧等人提出了利用 X 型纠缠态作为量子态的量子安全直接通信方案。虽然每一个粒子理论上也可以携带 1 比特的信息,但由于使用了四粒子纠缠系统,增加了量子态实验制备与测量的难度,与两步量子安全直接通信方案相比并没有优势。

4.2.5　改进两步量子安全直接通信协议

然而在实际的通信过程中,通信双方往往要受到信道噪声的影响,降低成码率,进而降低了安全传输距离。针对这个问题,安辉耀等人根据稳定子码的理论提出了一种基于粒子最大纠缠量子比特态(Greenberger-Horne-Zeilinger,GHZ)的编码方式[5],并在此基础上对两步协议进行改造,使其在噪声信道上既能保持安全性,也能进行一定能力的检错和纠错。

可以把 3 粒子的最大度纠缠在三维希尔伯特空间表示为 8 种 GHZ 态:

$$|P^{\pm}\rangle = \frac{1}{\sqrt{2}}(|1_A1_B1_C\rangle \pm |0_A0_B0_C\rangle) \tag{4-5}$$

$$|Q^{\pm}\rangle = \frac{1}{\sqrt{2}}(|0_A0_B1_C\rangle \pm |1_A0_B0_C\rangle) \tag{4-6}$$

$$|R^{\pm}\rangle = \frac{1}{\sqrt{2}}(|0_A1_B0_C\rangle \pm |1_A0_B1_C\rangle) \tag{4-7}$$

$$|S^{\pm}\rangle = \frac{1}{\sqrt{2}}(|0_A1_B1_C\rangle \pm |1_A0_B0_C\rangle) \tag{4-8}$$

GHZ 的三重态纠缠性表现在:以两个非正交子控件基测量,根据粒子 1 的状态,不能确定另外两个粒子的状态,但可以确定另外两个粒子状态是否相同。若两个粒子状态确定,则无需任何测量和操作,即可知道第三个粒子的状态。

4 种单量子门:

$$I = |0\rangle\langle 0| + |1\rangle\langle 1| \tag{4-9}$$

$$X = |0\rangle\langle 1| + |1\rangle\langle 0| \tag{4-10}$$

$$Y = |0\rangle\langle 1| - |1\rangle\langle 0| \tag{4-11}$$

$$Z = |0\rangle\langle 0| - |1\rangle\langle 1| \tag{4-12}$$

GHZ 态的初始态可以通过局部幺正操作，转换成另外一个 GHZ 态。稳定子体系是由 Gottesman 提出的，用于描述量子纠错体系的通用方法。可以通过稳定子体系描述量子编码方式，并确定该编码方式是否有针对某差错集的检错和纠错能力。Gottesman 对于稳定子体系做了如下的定义：

定义 1：对于某个量子状态，当它被某个算符作用后量子状态不变时，称该算符稳定该量子状态。同时定义 n 量子比特上的 Pauli 群 G_n 由所有 Pauli 矩阵与 ± 1，$\pm i$ 相乘所组成。设 S 为 G_n 的一个子群，定义 V_s 为由 S 的每个元所固定的 n 量子比特状态的集合。V_s 为由 S 所稳定的向量空间，S 被称为空间 V_s 的稳定子。其中对于群 G_n，如果所有的元素都可以写成 G 中元素 $g_1,g_2,\cdots,g_l$ 乘积的形式，则称 $g_1,g_2,\cdots,g_l$ 为群 G 的一组生成元，写成 $G = \{g_1,g_2,\cdots,g_l\}$。

定理 1：使一个群 S 可稳定一个向量空间 V_s 的两个充分必要条件：

① S 的元可对易，即 S 是一个 Abel 群；

② $-I$ 不是 S 的一个元。

定理 2：令 $S = \{g_1,g_2,\cdots,g_{n-k}\}$，由 G_n 的 $n-k$ 个独立且可对易的元所生成，则 V_s 是一个 2^k 维的向量空间。

在稳定子体系下，Gottesman 对稳定子码进行了如下描述：

定义 2：一个 $[n,k]$ 稳定字码被定义为：由 G_n 的子群 S 可稳定的向量空间 V_s，使得 V_s 不属于 S，且 S 具有 $n-k$ 个独立和对易的生成元，$S = \{g_1,g_2,\cdots,g_{n-k}\}$，记该码为 $C(S)$。

定义 3：对所有 g 属于 S 且使得 $gE = Eg$ 的集合 E，属于 G_n 中 S 的中心化子，记为 $Z(S)$。使得 $UG_nU' = G_n$ 成立的 U 集合称为 G_n 的正规化子，并表示为 $N(G_n)$。

由此得出稳定子码的纠错条件：

定理 3：令 S 为一个稳定子码 $C(S)$ 的稳定子，设 $\{E_j\}$ 为 G_n 中使所有 j 和 k 成立，EE'_jE_k 不属于 $N(S)-S$ 的算子的一个集合，那么 $\{E_j\}$ 为对码 $C(S)$ 的一个可纠错的集合。

由此可以编码 $|\varphi^+\rangle = 1$，$|\varphi^-\rangle = 0$，其中：

$$|\varphi^\pm\rangle = \frac{1}{\sqrt{2}}(|+_A +_B +_C\rangle \pm |-_A -_B -_C\rangle) \tag{4-13}$$

$$|+\rangle = \frac{1}{\sqrt{2}}(|0\rangle + |1\rangle) \tag{4-14}$$

$$|-\rangle = \frac{1}{\sqrt{2}}(|0\rangle - |1\rangle)) \tag{4-15}$$

通过定义 1 和定理 2 易验证该码具有稳定子 $\{X_1X_2, X_2X_3\}$。而对于相位翻转的错误集合 $\{\boldsymbol{I}, \boldsymbol{Z}_1, \boldsymbol{Z}_2, \boldsymbol{Z}_3\}$。通过定义 3 和定理 3 可以验证该错误集合对于编码的一个可纠正集合。

由此可以描述改进的两步协议如下：

① 通信双方 Alice 和 Bob 先共同约定之前定义的编码方式，$|\boldsymbol{\varphi}^+\rangle = 1$，$|\boldsymbol{\varphi}^-\rangle = 0$。

② Alice 制备一列形式为 $|\boldsymbol{\varphi}^+\rangle = \frac{1}{\sqrt{2}}(|+_A+_B+_C\rangle + |-_A-_B-_C\rangle)$ 的 GHZ 三态序列 $[(P_1(1), P_1(2), P_1(3)), (P_2(1), P_2(2), P_2(3)), (P_3(1), P_3(2), P_3(3)), \cdots, (P_N(1), P_N(2), P_N(3))]$，其中下角标代表不同的 GHZ 量子态，1、2、3 代表一个 GHZ 量子态的各个粒子。

③ Alice 持有每个 GHZ 量子态中的第一个粒子 $[P_1(1), P_2(1), P_3(1), \cdots, P_N(1)]$ 称为 M 序列，而将第二个和第三个粒子 $[P_1(2), P_1(3), P_2(2), P_2(3), \cdots, P_N(2), P_N(3)]$ 发给 Bob 称为 C 序列。

④ Alice 和 Bob 可以通过如下步骤检测信道的安全性：Bob 从自己的 C 序列中随机选取一定数量的粒子，并对这些粒子随机使用共轭基 $X = \{|x+\rangle, |x-\rangle\}$ 或 $Y = \{|y+\rangle, |y-\rangle\}$ 进行测量，其中

$$\left.\begin{array}{l} |x+\rangle = |0\rangle \\ |x-\rangle = |1\rangle \end{array}\right\} \tag{4-16}$$

$$\left.\begin{array}{l} |y+\rangle = \dfrac{1}{2}\big[(1+i)|0\rangle + (1-i)|1\rangle\big] \\[2mm] |y-\rangle = \dfrac{1}{2}\big[(1-i)|0\rangle + (1+i)|1\rangle\big] \end{array}\right\} \tag{4-17}$$

Bob 在测量后随机通知 Alice 自己选用的测量基以及测量结果，Alice 根据表 4-1 核对自己的粒子状态，如果没有窃听者存在那么核对结果应该是相符的。这是第一次检测监听，如果错误率小于某个阈值则 Alice 和 Bob 可以判断信道安全然后进入第五步，否则 Alice 和 Bob 放弃通信。

⑤ Alice 在 M 序列上进行编码，然后将 M 序列传递给 Bob。如果要发送 0，则 Alice 不需要任何操作；如需发送 1，则 Alice 对其粒子执行幺正 Z 门操作。易知 $\boldsymbol{Z}|\boldsymbol{\varphi}^+\rangle = |\boldsymbol{\varphi}^-\rangle$，$\boldsymbol{Z}|\boldsymbol{\varphi}^-\rangle = |\boldsymbol{\varphi}^+\rangle$。

⑥ Bob 对发来的 GHZ 粒子对执行检错和纠错处理。纠错处理完成后，Bob 执行解码操作读出信息。

表 4 - 1　根据粒子 2 和粒子 3 的状态,粒子 1 应出现的测量结果

粒子 2 测量结果 粒子 3 测量结果	$|x+\rangle$	$|x-\rangle$	$|y+\rangle$	$|y-\rangle$
$|x+\rangle$	$|x+\rangle$	$|x-\rangle$	$|y-\rangle$	$|y+\rangle$
$|x-\rangle$	$|x-\rangle$	$|x+\rangle$	$|y+\rangle$	$|y-\rangle$
$|y+\rangle$	$|y-\rangle$	$|y+\rangle$	$|x-\rangle$	$|x+\rangle$
$|y-\rangle$	$|y+\rangle$	$|y-\rangle$	$|x+\rangle$	$|x-\rangle$

该协议的安全性等同于两步协议的安全性,其证明可由文献[1]给出。下面主要对协议的纠错能力进行讨论。

如果 Alice 发送的粒子在信道中发生比特翻转,则 Bob 仍能读出其相位信息,进而原始信息仍能得到,所以改进的两步协议并不受比特翻转的影响。而相位翻转的差错检测可通过测量稳定子的生成元 X_1X_2 和 X_2X_3 来实现。举例说明,如果差错 Z_1 出现,那么稳定子变换到 $[-X_1X_2, X_1X_2]$,因此差错症状测量给出结果 -1 和 $+1$。在每种情况下,通过对由差错症状所指示的差错应用逆运算,就可以以显然的方式简单地实现恢复。相位翻转运算总结如表 4 - 2 所列。

表 4 - 2　相位翻转预算表

X_1X_2	X_2X_3	差错类型	错　误
$+1$	$+1$	无差错	无动作
$+1$	-1	粒子 3 相位被翻转	翻转粒子 3 相位
-1	$+1$	粒子 1 相位被翻转	翻转粒子 1 相位
-1	-1	粒子 2 相位被翻转	翻转粒子 2 相位

同时,如果两个比特的相位发生翻转,则因为 $ZZ|\varphi^{\pm}\rangle = |\varphi^{\pm}\rangle$,所以这种两个粒子的相位翻转不对协议产生影响。只有三个粒子同时发生翻转,Bob 才会得到错误的信息。假设一个粒子发生相位翻转的概率为 p,则该方案的量子比特错误率可由 p 下降为 p^3。

该协议根据稳定子码的理论提出了一种可对相位翻转实现检错和纠错的基于 GHZ 三态纠缠粒子的编码方案,并结合两步协议对其进行改进,提出了改进的两步协议量子安全直接通信方案。使得在噪声信道上既能保证无条件的安全性,又能实现检错和纠错操作。同时方案只涉及单比特量子门操作和 GHZ 三态纠缠粒子对的制备,在目前的实验水平下是比较容易实现的。

4.2.6　一次一密量子安全直接通信协议

2004年,邓富国和龙桂鲁首次将非正交量子态块传输和经典一次一密这一著名"乱码本"加密体系的思想结合起来,提出了一个基于单光子量子态序列的一次一密量子安全直接通信方案(部分学者称之为DL04方案),原理如图4-4所示[6]。与基于纠缠粒子对的方案相比,单光子态在实验上更容易获得且更容易测量,这使得方案具有更好的实用价值。2006年,意大利实验组对它的原理进行了实验验证。2015年,山西大学在实验上进一步验证了基于量子数据块传输的一次一密量子安全直接通信方案[7]。

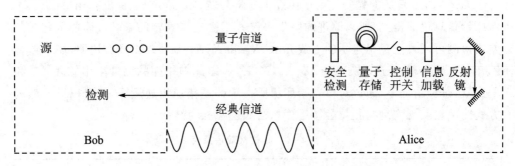

图4-4　一次一密量子安全直接通信方案原理图

在一次一密量子安全直接通信方案中,信息的接收方Bob首先制备N个单光子态构成序列S。这些量子态随机地处于4个量子态之一($|0\rangle$,$|1\rangle$,$|+\rangle$,$|-\rangle$)。Bob将S序列发送给Alice之后,通信双方随机抽取一定数量的样本进行安全性检测。若传输安全,则Alice根据自己所需传送的保密信息"0""1"分别选取U_0、U_3对量子态进行操作。U_0为恒等操作,量子态保持不变。U_3操作只会在一组正交基矢内部翻转量子态,即

$$\left.\begin{array}{l} U_3|0\rangle = -|1\rangle \\ U_3|1\rangle = |0\rangle \\ U_3|+\rangle = |-\rangle \\ U_3|-\rangle = |+\rangle \end{array}\right\} \tag{4-18}$$

Alice在编码秘密信息的过程中也随机选取一些位置的光子加载,用于安全性检测的随机编码。随后Alice将编码操作后的序列发回给Bob。由于Alice用于编码秘密信息的量子幺正操作并不会改变量子态的基矢,Bob可根据制备时的信息选择正确的基矢进行单粒子测量,从而读取Alice传输的秘密信息。Alice随后公布随机编码的位置和信息,Bob通过比对分析出错率以判断第二次传输是否安全。

在一次一密量子安全直接通信方案中,虽然窃听者可以在第二次传输中截获携带信息的量子态,但由于缺乏量子态初始状态的信息,窃听者即使测量也只能得到无意义的随机结果。这一方案同样使用了块状传输数据的方法便于安全性检测,同时分步传输先确保信道安全后再传输携带保密信息的量子态。一次一密量子安全直接通信方案还明确给出了基于单光子的量子安全直接通信的要求:信息加载传输前必须进行窃听检测;窃听检测基于抽样的概率统计,要求进行块状的量子态传输。

一次一密方案给出了基于光学延迟的实验方案。在实际噪声下,邓富国和龙桂鲁[8]还首次给出了对单光子量子态进行量子秘密放大的处理方法,使得基于单光子量子态的量子安全直接通信在理论上可以做得非常完美。

2005 年,Lucamarini 与 Mancini 采用一次一密量子安全直接通信方案的物理原理,提出了一个基于单个光子态的确定量子通信方案[4],并进一步讨论了环境噪声对通信的影响。一般认为,由于它没有使用量子数据块传输,与邓富国和龙桂鲁[6]于 2004 年提出的四态 Two-Way 量子密钥分发方案一样,只可用于量子密钥分发。

4.2.7 高维量子安全直接通信协议

在基于二维量子系统的量子通信方案中,每一个粒子可携带 $\log_2 2 = 1$ bit 的经典信息。2005 年,王川等利用量子超密集编码(Quantum Superdense Coding)的思想提出了基于高维系统的量子安全直接通信方案,称为高维量子安全直接通信方案[9]。由于方案以 d 维系统为信息载体,所以每个粒子可携带 $\log_2 d$ 比特的经典信息。高维两粒子贝尔态表示为

$$|\varphi_{nm}\rangle_{AB} = \sum_j e^{2\pi ijn/d} |j\rangle \otimes |j+m \bmod d\rangle / \sqrt{d} \qquad (4-19)$$

d 为系统的维度,$n,m = 0,1,\cdots,d-1$。d 维系统的幺正操作可统一描述为

$$U_{nm} = \sum_j e^{2\pi ijn/d} |j+m \bmod d\rangle\langle j| \qquad (4-20)$$

此幺正操作可在这一组高维两粒子纠缠基中变换量子态,即

$$(U_{nm})_B |\varphi_{00}\rangle_{AB} = |\varphi_{nm}\rangle_{AB} \qquad (4-21)$$

在高维量子安全直接通信方案中,信息接收方 Bob 制备高维纠缠粒子对序列,其中所有的纠缠态初态均为 $|\varphi_{00}\rangle_{AB}$。Bob 将每一个纠缠态中的 A 粒子取出构成 S_A 序列,对应的粒子构成 S_B 序列。Bob 将 S_A 序列发送给信息的发送方 Alice,随后双方随机选取一定数量的样本用相同的测量基矢做单光子测量,从而判断传输是否安全。若传输安全,则 Alice 根据秘密信息“nm”($n,m = 0,1,2,\cdots,d-1$)选择相应的幺正操作 U_{nm} 对手中粒子进行编码。编码过程中 Alice 随机插入用于下一次安全

性检测的随机编码。随后 Alice 将 S_A 发还给 Bob。Bob 将对应的粒子对进行高维贝尔量子态分析,根据结果便能推测出 Alice 加载的信息。通信双方用插入的随机编码进行第二次安全性检测以判断传输的安全性。与基于二维量子系统的量子安全直接通信方案相比,高维量子安全直接通信方案具有更高的安全性,且每一个纠缠粒子对可以携带 $\log_2 d^2$ 比特的信息,大大地提高了信道容量。

4.2.8 其他 GHZ 量子安全直接通信协议

2005 年,王川等提出了基于三粒子 GHZ 态的多步量子安全直接通信方案[10]。类似改进的两步协议,下标 A,B,C 对应处于 GHZ 态的三个粒子。通过对其中两个粒子进行单粒子幺正操作可在 8 个 GHZ 态之间变换。在量子安全直接通信方案中,通信双方事先约定 8 个量子态分别对应一个 3 比特编码:$000,001,\cdots,111$。信息发送方 Alice 先制备一个 GHZ 态序列,每一个 GHZ 态均处于 $|\varphi^+\rangle_0$。随后 Alice 将每一个 GHZ 态的三个粒子分别纳入三个粒子序列 S_A,S_B 和 S_C。Alice 首先将 S_C 发送给接收方 Bob,双方进行安全性检测以判断传输是否安全。当他们确定 S_C 的传输安全后,Alice 根据要传输的保密信息选择合适的幺正操作作用到 S_A 和 S_B 序列上,在此过程中 Alice 同样随机地插入用于安全性检测的随机编码。随后 Alice 分两步将 S_B 和 S_A 序列发送给 Bob,每一次传输完成后,双方都进行安全性检测。全部传输完成后,Bob 对每一组构成 GHZ 态的三个粒子进行三粒子联合测量从而读取 Alice 的保密信息。在多步量子安全直接通信方案中,由于窃听者不能同时拥有载有秘密信息的三个粒子,因此无法获得有用的信息,保证了信息的安全。

2012 年,Banerjee 和 Pathak[11] 基于三粒子类 GHZ 态也提出了一个多步量子安全直接通信方案,方案利用 3 比特的量子态可传输 3 比特的保密信息,实现最大效率的通信。该方案使用的 8 个正交量子态可表示为

$$
\left.\begin{array}{cc}
\dfrac{|\phi^+\rangle\,|0\rangle + |\psi^+\rangle\,|1\rangle}{\sqrt{2}}, & \dfrac{|\phi^+\rangle\,|0\rangle - |\psi^+\rangle\,|1\rangle}{\sqrt{2}} \\[4mm]
\dfrac{|\psi^+\rangle\,|0\rangle + |\phi^+\rangle\,|1\rangle}{\sqrt{2}}, & \dfrac{|\psi^+\rangle\,|0\rangle - |\phi^+\rangle\,|1\rangle}{\sqrt{2}} \\[4mm]
\dfrac{|\phi^-\rangle\,|0\rangle + |\psi^-\rangle\,|1\rangle}{\sqrt{2}}, & \dfrac{|\phi^-\rangle\,|0\rangle - |\psi^-\rangle\,|1\rangle}{\sqrt{2}} \\[4mm]
\dfrac{|\psi^-\rangle\,|0\rangle + |\phi^-\rangle\,|1\rangle}{\sqrt{2}}, & \dfrac{|\psi^-\rangle\,|0\rangle - |\phi^-\rangle\,|1\rangle}{\sqrt{2}}
\end{array}\right\} \qquad (4-22)
$$

信息发送者可以选择相应的幺正操作作用于其中的两个粒子在 8 个态之间变

换。该方案的通信过程与基于 GHZ 态的多步量子安全直接通信方案类似,三个粒子分三步传送给接收者,接收者通过测量可直接读取保密信息。值得一提的是,虽然该方案使用三粒子纠缠信道,但是接收者可以通过对其中两个粒子进行联合贝尔基测量,同时对剩下的粒子做单粒子测量来读取信息,不需要做三个粒子的联合测量。不过相比于王川等的多步量子安全直接通信方案,此方案需要制备更复杂的量子态作为纠缠信道。

4.2.9 抗噪声的量子安全直接通信协议

早期的量子安全直接通信方案都基于理想环境,偏重于物理原理上对量子通信绝对安全的设计,即解决量子安全直接通信的物理原理问题,认为量子态的传输过程是完美保真的。2011 年,顾斌等提出了两个考虑实际信道噪声的量子安全直接通信方案[12-13]。两个方案分别针对联合退相位噪声(Collective-Dephasing Noise)和联合旋转噪声(Collective-Rotation Noise),用两个物理比特编码一个逻辑比特,利用逻辑比特在相应噪声下的不变性使整个通信方案免受噪声的影响。

首先,在对抗联合退相位噪声的方案中,由两个物理比特构成的两个逻辑比特正交基为

$$\left.\begin{aligned} |0\rangle_L &= |H\rangle_A\, |V\rangle_B \\ |1\rangle_L &= |V\rangle_A\, |H\rangle_B \end{aligned}\right\} \tag{4-23}$$

这里 H 和 V 代表光子的水平和竖直偏振状态,下标 L 代表逻辑比特。这两个态在退相位噪声($U_{dp}|H\rangle = |H\rangle$,$U_{dp}|V\rangle = e^{i\phi}|V\rangle$)的作用下保持不变,因此以它们为基矢的任意叠加态都不会受到噪声的影响。

$$\left.\begin{aligned} U_{dp}|0\rangle_L &= |0\rangle_L \\ U_{dp}|1\rangle_L &= |1\rangle_L \end{aligned}\right\} \tag{4-24}$$

这里 ϕ 是信道噪声带来的相位移动,它随作用时间的长短变化。在量子安全直接通信中,通信双方选择 $|0\rangle_L/|1\rangle_L$ 和 $|\pm x\rangle_L = \dfrac{1}{\sqrt{2}}(|0\rangle_L \pm |1\rangle_L) = \dfrac{1}{\sqrt{2}}(|HV\rangle_{AB} \pm |VH\rangle_{AB})$ 两组基矢制备和测量量子态。同时,他们选择两个作用在逻辑比特上的幺正操作加载秘密信息。

$$\left.\begin{aligned} U_0^{dp} &= I_A \otimes I_B \\ U_1^{dp} &= (-i\boldsymbol{\sigma}_y)_A \otimes (\boldsymbol{\sigma}_x)_B \end{aligned}\right\} \tag{4-25}$$

这两个操作只在基矢内部交换量子态,并不改变量子态的基矢。

联合旋转噪声作用如下:

$$\left.\begin{array}{l} \boldsymbol{U}_r|H\rangle = \cos\theta|H\rangle + \sin\theta|V\rangle \\ \boldsymbol{U}_r|V\rangle = -\sin\theta|H\rangle + \cos\theta|V\rangle \end{array}\right\} \quad (4-26)$$

在对抗联合旋转噪声的方案中,逻辑比特选为

$$\left.\begin{array}{l} |0\rangle_L = \dfrac{1}{\sqrt{2}}(|H\rangle_A|H\rangle_B + |V\rangle_A|V\rangle_B) \\ |1\rangle_L = \dfrac{1}{\sqrt{2}}(|H\rangle_A|V\rangle_B - |V\rangle_A|H\rangle_B) \end{array}\right\} \quad (4-27)$$

两个逻辑比特以及它们的任意叠加态在联合旋转噪声中保持不变。通信过程中,双方仍选择$|0\rangle_L/|1\rangle_L$和$|\pm x\rangle_L$两组基矢制备和测量。用于加载秘密信息的幺正操作为

$$\left.\begin{array}{l} \boldsymbol{U}_0^r = I_A \otimes I_B \\ \boldsymbol{U}_1^r = I_A \otimes (-i\sigma_y)_B \end{array}\right\} \quad (4-28)$$

两个操作同样只在基矢内部变换量子态,并不改变基矢。

这两个对抗噪声的量子安全直接通信方案的具体通信过程类似于量子一次一密量子安全直接通信方案,此处不再赘述。值得重申的是,虽然方案利用两个物理比特编码一个逻辑比特,但在读取信息时只需两个单粒子测量而不需要复杂的联合测量,这使方案更具可操作性。

4.3 注 记

通过本章的叙述,可以得出:量子安全直接通信同时具备在线检测窃听和防止信息前泄露的能力,可直接读取保密信息,在量子通信领域中"独树一帜",引导国内外研究人员不断追逐高效、安全和实用的通信协议方案,是量子通信领域的研究热点。可预见的,随着人们对量子态的制备、操控和量子信道可控能力的提高,将进一步推动量子安全直接通信的实用化发展。

参考文献

[1] Deng F G, Long G L, Liu X S. Two-step quantum direct communication protocol using the Einstein-Podolsky-Rosen pair block [J]. Physical Review A,

2003，68(4)：113-114.

[2] Long G L，Liu X S. Theoretically efficient high-capacity quantum-key-distribution scheme [J]. Physical Review A，2002，65(3)：2302.

[3] Boström K，Felbinger T. Secure direct communication using entanglement [J]. Physical Review Letters，2002，89(18)：187902.

[4] Lucamarini M，Mancini S. Secure Deterministic Communication without Entanglement [J]. Physical Review Letters，2005，94(14)：140501.

[5] 安辉耀，于涛，刘敦伟，等. 基于稳定子码的在噪声信道的量子安全直接通信方案研究[J]. 量子光学学报，2014，20(003)：187-191.

[6] Deng F G，Long G L. Bidirectional quantum key distribution protocol with practical faint laser pulses [J]. Physical Review A，2004，70(1)：235-238.

[7] Hu J，Yu B，Jing M，et al. Modified two-way protocol for quantum secure direct communication with the presence of channel loss and noise[EB/OL]. (2015 03-02)[2020-12-12]. https//arxiv. org/abs/1503. 00451v1.

[8] Deng F G，Long G L. Quantum Privacy Amplification for a Sequence of Single Qubits [J]. 理论物理通讯(英文版)，2006，46(009)：443-446.

[9] Wang C，Deng F G，Li Y S，et al. Quantum secure direct communication with high-dimension quantum superdense coding [J]. Physical Review A，2005，71(4)：44305.

[10] Wang C，Deng F G，Long G L. Multi-step quantum secure direct communication using multi-particle Green-Horne-Zeilinger state [J]. Optics Communications，2005，253(1-3)：15-20.

[11] Banerjee A，Pathak A. Maximally efficient protocols for direct secure quantum communication [J]. Physics Letters A，2012，376(45)：2944-2950.

[12] Gu B，Zhang C Y，Cheng G S，et al. Robust quantum secure direct communication with a quantum one-time pad over a collective-noise channel [J]. Science China Physics，Mechanics and Astronomy，2011，54(05)：942-947.

[13] Gu B，Huang Y G，Fang X，et al. A two-step quantum secure direct communication protocol with hyperentanglement [J]. Chinese Physics B，2011(10)：70-74.

第 5 章　量子隐形传态

在经典物理中,对一个经典物理实体的传输,就是利用某种科学技术手段,用最为快捷的方式将一个物体从空间某一位置传输到另外一个距离遥远的位置,完成物体的完全转移。不少的科幻影片和小说中经常出现这样的场景:一个神秘人物在某处突然消失掉,而后却在远处莫名其妙地显现出来,这种场景总是激动人心的。隐形传送(Teleportation)一词即来源于此,而量子隐形传态(Quantum Teleportation, QT)则是利用量子信道传输量子态的独特通信方式。与一般客体的空间转移完全不同,该方式首先是将量子态从客体中完全剥离开来,然后实现客体所处量子态的瞬间转移,也称为量子离物传态。通俗来讲就是:将甲地的某一粒子的未知量子态在乙地的另一粒子上还原出来。

5.1　量子隐形传态的原理与发展

在量子隐形传态中,受限于海森堡测不准原理和量子不可克隆原理,人们无法将量子态的所有信息精确地全部提取出来,但研究人员可将甲地原量子态的重要信息分解为经典信息和量子信息两部分,并分别将两部分信息由经典信道和量子信道送到乙地,根据这些信息,在乙地构造出原量子态的重要信息。

5.1.1　量子隐形传态原理

Bennett 等人于 1993 年首次提出量子隐形传态的设想[1],其量子隐形传态基本原理如图 5-1 所示(量子隐形传态中,发送者为 Alice,接收者为 Bob)。将传送的未知量子态与 EPR 对的其中一个粒子量子态施行 Bell 基联合测量,由于 EPR 对的量子非局域关联特性,此时未知态的全部量子信息将会"转移"到 EPR 对的第二个粒子上。只要根据经典信道传送的 Bell 基测量结果,对 EPR 的第二个粒子的量子态施行适当的幺正变换(U),就可使这个粒子处于与待传送的未知态完全相同的量子态,从而在 EPR 的第二个粒子上实现对未知态的重现。

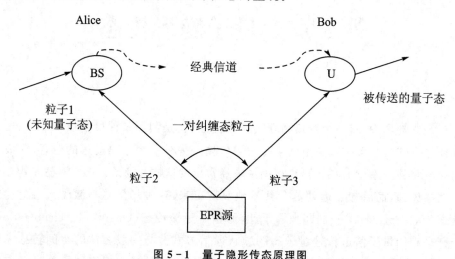

图 5-1 量子隐形传态原理图

假设发送者 Alice 欲将粒子 1 所处的未知量子态传送给接收者 Bob,在此之前,两者之间共享 EPR 对(粒子 2 和 3)。Alice 对粒子 1 和她拥有的 EPR 粒子 2 实施 Bell 基联合测量(BS),测的结果将是 4 种可能的 Bell 态当中的任意一个,其概率为 1/4。对应于 Alice 不同的测量结果,Bob 的粒子 3 塌缩到相应的量子态上。因此,当 Alice 经由经典信道将其探测结果告诉 Bob 之后,Bob 就可以选择适当的幺正变换将粒子 3 的量子态精确复制成粒子 1 的量子态。

关于量子隐形传态的几点说明:

① 从粒子 1 到粒子 3 的量子信息的传递可以发生在任意的时空之间,因为量子纠缠具有非局域性。

② 联合测量后接收方的粒子的量子态仍然处于混合态。也就是说,联合测量本身对 Bob 来说,并不给出任何关于原粒子态的信息。原粒子态的重建应该归功于 EPR 态的纠缠非局域关联、经典通信和局域的幺正变换。

③ 量子隐形传态不存在超光速通信问题。因为没有通过经典信道传送的经典信息,隐形传态将不可能成功,而经典信道的通信速度必然要受到相对性原理的限制,即传送速度不可能超过光速。

④ 量子隐形传态不违背量子不可克隆定理。因为 Alice 进行 Bell 基测量后,量子态已被破坏掉了,一次量子隐形传态只能够使原粒子的量子态在另一个粒子上重新构建出来,而不是将粒子 1 通过"超距"作用传送给 Bob。

⑤ 发送者和接收者在整个传输过程中都不需要知道所传输或者接收的量子态的任何信息,因而量子隐形传态提供了操控量子态而不破坏量子态的可能性。

5.1.2 量子隐形传态协议发展

Davidovich 和 Bennett 等在 1994 年和 1996 年分别基于 Bell 态联合测量,提出新的量子隐形传态方案[2-3]。1997 年,奥地利科学家 Bouwmeester 等首次成功地实现基于纠缠的量子隐形传态设计[4]。1998 年,意大利的 Braunstein 和美国的 Kimble 等利用连续变量理论,分别进行具有相干特性的光场与核磁共振的量子隐形传态,被列为当年美国的十大科技进展之一。在 2000 年,Zhou 等人提出了受控的量子隐形传态方案,在这个方案中,除了发送方 Alice 和接收方 Bob,还引入第三者 Charlie 作为控制方。

2002 年,Sanghul Oh 等人在局域独立量子噪声环境中,提出了保真的量子隐形传态方案,开启了噪声信道上研究量子隐形传态的先河[5]。2003 年,澳大利亚国立大学的 Bowen 等人成功地进行了多变量子隐形传态实验;Takei 等人基于压缩态的特性,在不同场模的真空状态下实现了量子隐形传态。2008 年,Jung 等人利用三粒子态或 W 态为量子信道载体,在退极化环境和局域独立环境下,提出了单量子比特量子隐形传态理论,创新性地发现了量子信道的选取取决于所处的噪声环境。分析得出:在局域独立噪声下,选定的参数不同,GHZ 态和 W 态适合不同的量子信道。但在局域独立退极化噪声下,选择 GHZ 态和 W 态作为量子信道都可获得相同的传输效果[6]。

2010 年,中国科学技术大学的潘建伟等人进行了自由空间 16 km 的量子隐形传态实验,该实验结果成功地登上了《自然光子》杂志的封面[7]。2011—2013 年,Hu 等学者利用四粒子、二粒子 Bell 态、三粒子 GHZ 态或 W 态为量子信道,构建在局域独立高温、零温和退相位噪声下的量子隐形传态理论,分析了各自的保真度[8-9]。2015 年以来,学者们利用团簇态、GHZ 态等粒子态,分别在局域独立的联合退相位噪声、联合"旋转"噪声、比特翻转信道、退极化信道、振幅阻尼信道等环境中进行了量子隐形传态,且分析了不同的纠缠度等指标。Seshadreesan 等人针对连续变量量子信息,提出了非高斯纠缠态和薛定谔猫态的量子隐形传态方案[10]。同时,潘建伟等人突破单一自由度的局限,创新性地实现了多自由度下的量子隐形传态实验,该实验结果刊登在《自然》杂志上,为推动研究多自由度下的量子传输提供了有力的实验保证[11]。2016 年,Zuppardo 等人在噪声环境中提出并验证了量子纠缠的过度分布理论,量子纠缠的过度分布可能是实现纠缠收益的唯一途径[12];Xiao 等人在阻尼噪声信道下,通过调整测量的不同参数,提出了一种增强的量子隐形传态,通过部分测量和局域测量后逆转的组合可以消除退相干效应[13]。

5.2　量子隐形传态的主要类别

随着量子通信技术的飞速发展,给量子隐形传态协议研究提供了肥沃的"土壤",让不少协议方案得以"植根"。总体来讲,可以按照量子态是否为单光子、是否为纠缠态,以及是否存在监控代理,将量子隐形传态协议研究分类为分离变量量子隐形传态、连续变量量子隐形传态和受控量子隐形传态。当然,也有学者进行了更为细致的分类,将使用量子态的数量也作为分类的指标之一,在此简略这些内容,本书仅以上述三类作为主要协议内容进行梳理。

5.2.1　分离变量量子隐形传态

分离变量量子隐形传态是在分离变量纠缠态基础上,对未知量子态进行的隐形传输。其基本原理是将处于纠缠的 EPR 对粒子系统,分别分发给距离遥远的 Alice 和 Bob,进行联合 Bell 基测量和适当的幺正操作,就可以使手持粒子与传送的未知量子态的粒子处于完全一样的量子态,从而实现未知量子态的转移。如果不计之前粒子对的纠缠分发和中间的经典通信,只考虑量子过程,该隐形传态将会是瞬间的。下面就该过程用数学方式进行简单描述。

距离遥远的双方 Alice 和 Bob 分享一个 Bell 态:

$$|\psi\rangle = \frac{1}{\sqrt{2}}(|0\rangle_2|1\rangle_3 - |1\rangle_2|0\rangle_3) \tag{5-1}$$

其中 Alice 持有粒子 2,Bob 持有粒子 3。Alice 要向 Bob 传送粒子 1 所处的未知态,其表达形式为

$$|\varphi\rangle = \alpha|0\rangle_1 + \beta|1\rangle_1 \tag{5-2}$$

那么三个粒子组成的系统所处的态为

$$|\Phi\rangle = \frac{\alpha}{\sqrt{2}}\left[|0\rangle_1|0\rangle_2|1\rangle_3 - |0\rangle_1|1\rangle_2|0\rangle_3\right] +$$

$$\frac{\beta}{\sqrt{2}}\left[|1\rangle_1|0\rangle_2|1\rangle_3 - |1\rangle_1|1\rangle_2|0\rangle_3\right] \tag{5-3}$$

Alice 对手持的粒子 1 和粒子 2 进行一步 CNOT 门操作(见第 2 章),可以得到

$$|\boldsymbol{\Phi}\rangle = \frac{1}{\sqrt{2}} \left[\alpha |0\rangle_1 (|0\rangle_2 |1\rangle_3 - |1\rangle_2 |0\rangle_3) \right] +$$

$$\frac{1}{\sqrt{2}} \left[\beta |1\rangle_1 (|1\rangle_2 |1\rangle_3 - |0\rangle_2 |0\rangle_3) \right] \qquad (5-4)$$

然后再对粒子 1 进行 H 门操作(见第 2 章),得到

$$|\boldsymbol{\Phi}\rangle = \frac{1}{\sqrt{2}} \left[\alpha (|0\rangle_1 + |1\rangle_1)(|0\rangle_2 |1\rangle_3 - |1\rangle_2 |0\rangle_3) + \right.$$

$$\left. \beta (|0\rangle_1 - |1\rangle_1)(|1\rangle_2 |1\rangle_3 - |0\rangle_2 |0\rangle_3) \right] \qquad (5-5)$$

进一步整理,上式可转化为

$$|\boldsymbol{\Phi}\rangle = \frac{1}{\sqrt{2}} \left[|00\rangle_{12} (\alpha |1\rangle_3 - \beta |0\rangle_3) + |01\rangle_{12} (-\alpha |0\rangle_3 + \beta |1\rangle_3) + \right.$$

$$\left. |10\rangle_{12} (\alpha |1\rangle_3 + \beta |0\rangle_3) + |11\rangle_{12} (-\alpha |0\rangle_3 - \beta |1\rangle_3) \right] \qquad (5-6)$$

很明显,在上述叠加态中的第 4 项中,Bob 所持有的粒子 3 正好处于 Alice 所传的未知量子态,此时如果 Alice 对持有的两个粒子进行测量,如果测得粒子 1 和粒子 2 所处的态为 $|11\rangle$ 态,那么 Bob 持有的粒子 3 将瞬间塌缩到式(5-2),即 $|\varphi\rangle$ 态,实现了量子隐形传态。如果 Alice 对持有的两粒子所处的态为其他三项,则通过经典信道告知 Bob 其测量结果,Bob 根据 Alice 的测量结果,对手持的粒子 3 进行相应的幺正操作也可以获得未知量子态,其幺正操作对应如下:

$$|00\rangle \rightarrow i\boldsymbol{\sigma}_y; \quad |01\rangle \rightarrow \boldsymbol{\sigma}_z; \quad |10\rangle \rightarrow \boldsymbol{\sigma}_x \qquad (5-7)$$

到此量子隐形传态过程结束。在量子隐形传态过程中,需要对粒子 1 和粒子 2 进行联合 Bell 基测量,并对测量塌缩后的态进行相应的量子操作,粒子 1 的未知量子态遭到了完全破坏。但是粒子 1 所处的未知量子态被完整地传送到粒子 3 上。

值得注意的是,在整个量子态传输过程中,发送方 Alice 和接收方 Bob 都无需知道要发送的量子态的表达形式,发送方也无需将任何粒子发送出去,传送的仅仅是未知量子态的概率幅。

5.2.2 连续变量量子隐形传态

近几年的实验研究表明,由于雪崩二极管单光子探测器的探测效率不高,超导纳米线单光子探测器成本和集成技术存在限制,因此分离变量量子隐形传态所得到的结果信噪比偏低。1994 年,Vaidman 首次提出连续变量量子隐形传态的理论;之后到 1998 年,Kimble 研究组在此理论的基础上,提出了利用连续场实现量子隐形传态[14],克服了以往分离变量量子隐形传态中探测效率不高的缺陷,可以实现完全可靠的量子隐形传态,该发现引起学术界的广泛关注。

连续变量的量子隐形传态一般性实验方案如图 5 - 2 所示。

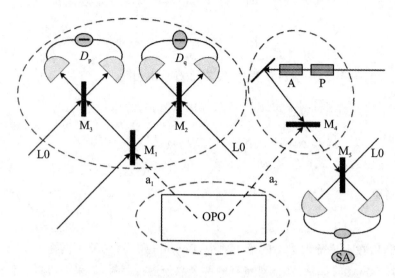

图 5 - 2　连续变量量子态的隐形传态原理图

首先,制备连续变量 EPR 源。用非简并光学参量振荡腔产生双模压缩真空场,或者是通过 50% 的分束器耦合两相位相关的单模正交压缩真空场(分束器的两输出场分别构成双模压缩真空场的两模),获得 EPR 源。在 Kimble 实验组实现的量子隐形传态实验中,就是通过两束光从不同方向泵浦同一个环形简并 OPO 腔,产生两相位相关的单模正交压缩光,再通过分束器耦合形成双模正交压缩真空场,实现连续变量 EPR 源的制备。

其次,进行 Bell 基测量,图 5 - 2 实现的方案是将待传送的输入场与 EPR 光束对中的一束光共同输入 50% 的分束器 M_1 进行耦合,通过分束器后的两输出场分别被两套平衡零差探测系统探测其一的正交振幅分量和另一输出场的正交相位分量。在这个过程中,分束器和平衡零差探测系统共同构成了 Bell 基测量系统,测量的光电流信号分别正比于输出场的正交振幅和相位分量。

最后,根据 Bell 基测量结果,对 EPR 光束对的第二束光的相位进行相应的幺正操作。其具体过程是将测量到的光电流信号作为调制源,调制一个置于强相干场光路中的振幅和相位调制晶体,用于调制相干场信号的振幅与相位,之后将该调制过的相干信号场与 EPR 源的第二束光,通过一个反射率非常高的分束器 M_4 进行耦合,之后的反射场为最后的输出场。在 M_4 反射率很高的情况下,其输出场为经典调制信号调制 EPR 第二束光,进行有关的平移变换获得,也即实现了对第二束光的幺正变换操作。此时得到的输出场将具有待传送场完全相同或基本相同的特征,整个过程完成了完整的连续变量的量子隐形传态。

5.2.3 受控量子隐形传态

受控量子态隐形传态以 Zhou 等人提出的方案为基础展开介绍[15]。方案中,发送方 Alice 和接收方 Bob 通信,Charlie 作为控制方,三者共享三粒子的 GHZ 态,并用此纠缠态作为量子信道来传输单粒子态,如果不是三者都同意,则无法完成单粒子态的隐形传输。受控量子隐形传态的基本过程如图 5-3 所示(图中省去了量子信道的建立过程),Alice 拥有二能级粒子 A 和粒子 D,Bob 拥有二能级粒子 B,合作者 Charlie 拥有粒子 C。

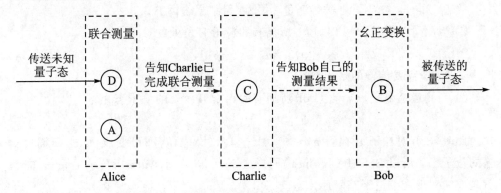

图 5-3 受控量子隐形传态基本过程

假设要传送的粒子 D 的未知量子态为

$$|\phi\rangle_D = \alpha |0\rangle_D + \beta |1\rangle_D \tag{5-8}$$

Alice、Bob 和 Charlie 共享三粒子 GHZ 态作为量子信道:

$$|\phi\rangle_{ABC} = \frac{1}{\sqrt{2}} (|000\rangle + |111\rangle)_{ABC} \tag{5-9}$$

总的粒子体系的量子态为

$$
\begin{aligned}
|\Phi\rangle &= |\phi\rangle_{ABC} \otimes |\phi\rangle_D \\
&= \frac{1}{2} \big[|\varphi\rangle_{AD}^+ (\alpha |00\rangle_{BC} + \beta |11\rangle_{BC}) + |\varphi\rangle_{AD}^- (\alpha |00\rangle_{BC} - \beta |11\rangle_{BC}) + \\
&\quad |\phi\rangle_{AD}^+ (\alpha |11\rangle_{BC} + \beta |00\rangle_{BC}) + |\phi\rangle_{AD}^- (\alpha |11\rangle_{BC} - \beta |00\rangle_{BC}) \big]
\end{aligned}
\tag{5-10}
$$

接着 Alice 对粒子 A 和 D 进行 Bell 基测量,并将测量通过经典通信结果告诉 Bob。假设得到的测量结果为 $|\varphi\rangle_{AD}^+$,则粒子 B 和粒子 C 将塌缩到如下的纠缠态:

$$|\phi\rangle_{BC} = \alpha |00\rangle_{BC} + \beta |11\rangle_{BC} \tag{5-11}$$

这是 Bob 和 Charlie 共享的纠缠态,如果没有得到 Charlie 的同意,不管 Bob 对自己拥有的粒子 B 做任何的幺正变换,都不可能完全获得 Alice 要传送的量子态 $|\phi\rangle_D$,也就无法完成量子态的隐形传输。因此第三方 Charlie 就起到了控制的作用。

假如 Charlie 同意 Bob 获得信息,她可以对自己的粒子 C 进行 H 门变换:

$$\left.\begin{aligned} H|0\rangle_C &= \frac{1}{\sqrt{2}}(|0\rangle + |1\rangle)_C \\ H|1\rangle_C &= \frac{1}{\sqrt{2}}(|0\rangle - |1\rangle)_C \end{aligned}\right\} \qquad (5-12)$$

变换后粒子 B 和 C 的量子态变为

$$|\phi\rangle'_{BC} = (\alpha|0\rangle_B + \beta|1\rangle_B)|0\rangle_C + (\alpha|0\rangle_B - \beta|1\rangle_B)|1\rangle_C \qquad (5-13)$$

接着 Charlie 对粒子 C 进行测量,并把测量结果告诉 Bob。

① 当测量结果是 $|0\rangle_C$ 时,Bob 所拥有的粒子 B 所处的量子态为

$$|\phi\rangle_B = \alpha|0\rangle_B + \beta|1\rangle_B \qquad (5-14)$$

即为 Ailce 所需要传输的量子态。

② 当测量结果是 $|1\rangle_C$ 时,Bob 所拥有的粒子 B 所处的量子态为

$$|\phi\rangle_B = \alpha|0\rangle_B - \beta|1\rangle_B \qquad (5-15)$$

此时,Bob 对粒子 B 执行 $\sigma_z(|0\rangle\langle 0| - |1\rangle\langle 1|)$ 操作,即可变成 Ailce 所需要传输的量子态。所以 Bob 在 Charlie 的同意之下,可以获得 Ailce 所传输的量子态,也就是成功实现受控量子态隐形传态。

5.3 注 记

量子隐形传态被认为是量子信息论研究中最显著的进展之一,也是量子通信技术领域中最引人注目的方向之一,在量子通信和量子计算领域发挥着重要的作用。本章主要介绍了量子隐形传态的基本原理,简述了相关协议发展情况,并从分离变量量子隐形传态、连续变量量子隐形传态和受控量子隐形传态等主要的理论协议出发进行了简要讲解。应该说量子隐形传态在未来仍将会是极有潜力的研究方向,随着人们对量子纠缠制备和量子态操控技术能力的不断提升,量子隐形传态在量子通信和量子计算领域的优势将会得到进一步体现。

参考文献

[1] Bennett C H，Brassard G，C Crépeau，et al. Teleporting an unknown quantum state via dual classical and Einstein-Podolsky-Rosen channels［J］. Physical Review Letters，1993，70(13)：1895-1899.

[2] Davidovich L，Zagury N，Brune M，et al. Teleportation of an atomic state between two cavities using nonlocal microwave fields［J］. Physical Review A，1994，50(2)：895.

[3] Bennett C H，Brassard G，Popescu S，et al. Purification of Noisy Entanglement and Faithful Teleportation via Noisy Channels［J］. Physical Review Letters，1996，76(5)：722-725.

[4] Bouwmeester D，Pan J W，Mattle K，et al. Experimental quantum teleportation［J］. Nature，1997，390：575-579.

[5] Oh S，Lee S，Lee H W. Fidelity of Quantum Teleportation through Noisy Channels［J］. Physical Review A，2002，66(2)：22316.

[6] Jung E，Hwang M R，Ju Y H，et al. Greenberger-Horne-Zeilinger versus W states：Quantum teleportation through noisy channels［J］. Physical Review A，2008，78(1)：3332-3335.

[7] Jin X M，Ren J G，Yang B，et al. Experimental free-space quantum teleportation［J］. Nature Photonics，2010，4(6)，376-381.

[8] Hu M L. Environment-induced decay of teleportation fidelity of the one-qubit state［J］. Physics Letters A，2011，375(21)：2140-2143.

[9] Liang H Q，Liu J M，Feng S S，et al. Quantum teleportation with partially entangled states via noisy channels［J］. Quantum Information Processing，2013，12(8)：2671-2687.

[10] Seshadreesan K P，Dowling J P，Agarwal G S. Non-Gaussian entangled states and quantum teleportation of Schrdinger-cat states［J］. Physica Scripta，2013，90(7)：074029.

[11] Wang X L，Cai X D，Su Z E，et al. Quantum teleportation of multiple degrees of freedom of a single photon［J］. Nature，2015，518(7540)：516-519.

[12] Zuppardo M，Krisnanda T，Paterek T，et al. Excessive distribution of quantum entanglement [J]. Physical Review A，2016，93(1)：012305.

[13] Xing X，Yao Y，Zhong W J，et al. Enhancing teleportation of quantum fisher information by partial measurements [J]. Physical Review A，2016，93（1）：012307.

[14] Braunstein S L，Kimble H J. Teleportation of continuous quantum variables [J]. Physical Review Letters，1998，80(4)：869-972.

[15] Zhou J，Hou G，Wu S，et al. Controlled Quantum Teleportation [J]. Physics，2000.

第 6 章　量子秘密共享

代理(在通信系统中广义地将参与者、端设备或机构统称为"代理")作为安全通信过程的发起者,是通信过程的重要一环,但其可靠与否对保密通信造成的影响不亚于密钥或秘密本身。在某种程度上,针对拥有安全的密钥产生能力的保密通信系统,代理的安全性成为其"阿喀琉斯之踵"。因此,为了增加对一些秘密信息的保密程度或减小秘密信息泄露的风险,需要让多个代理共同保护这些秘密信息,从而引出了"秘密共享"的概念。量子通信技术的发展,让秘密共享的价值更为凸显,因为基于量子理论绝对安全的密钥产生和分发,或者秘密的安全传递,需要安全的代理来支撑。

6.1　量子秘密共享的产生

秘密共享的概念实际为保密通信过程中的衍生品,量子秘密共享更是在秘密共享和量子通信的合力推动下才产生的新型通信模式。秘密共享在生活中的应用早已得到推广,举一个扩展性好且通俗易懂的例子:在金庸先生所著的《笑傲江湖》一书中,江南四友同时合作才能够打开关押任我行地牢的通道,这个就是典型的秘密共享功能。此外,秘密共享还被广泛应用在武器发射控制、银行金库、网上拍卖和远程投票等众多电子信息系统中。经典秘密共享作为现代密码学的重要部分,自从1979 年被 Shamir 提出后就引起了广泛的关注[1]。

量子秘密共享充分继承了经典秘密共享理论的优势,略有不同之处是多个代理都可以对秘密信息进行操作,而不必将秘密信息依次分成多份。于是量子秘密共享的窃听过程就显得很困难,因为窃听者必须在限定时间内拥有门限要求数量的代理的可靠信息,才能破解出秘密信息。当然,由于操作者的增多,会不可避免地出现偶然性错误,也有可能会遇到环境变化引起的错误等,所幸的是由于代理足够多,可以通过大家的合作解出完整秘密信息。科技的发展遵循自然选择过程,量子秘密共享将逐渐获得研究人员乃至社会人员的重视,取代经典秘密共享方案可能成为一种趋势。

6.2　量子秘密共享协议研究

Hillery、Buzek 和 Berthiaume 在 1999 年首次提出了量子秘密共享的概念,并构造了第一个量子秘密共享协议。之后量子秘密共享协议发展便如雨后春笋,相关研究进入了快车道。针对诸多的量子秘密共享协议,分类方法也不一而足:根据所使用的量子资源不同,可以把这些协议分为基于单光子的量子秘密共享协议、基于多粒子最大纠缠态的量子秘密共享协议和基于纠缠纯态的量子秘密共享协议;根据参与者的多少,也可以分为三方量子秘密共享协议、多方量子秘密共享协议(Multi-Party QSS,MPQSS)和多方到多方量子秘密共享协议(QSS Between Multi-Party and Multi-Party,MMQSS)。

基于协议的核心梗概和发展阶段,将量子秘密共享协议的发展分为典型量子秘密共享、安全直接通信下的量子秘密共享、多方与多方的量子秘密共享、动态量子秘密共享、半量子秘密共享以及局部操作和经典通信下的量子秘密共享等[2]。

6.2.1　典型量子秘密共享

典型量子秘密共享指的是基于经典秘密共享的理念,利用量子态的物理特性实现更为安全的秘密共享的方案。这些方案中涉及量子态的纠缠和非纠缠、经典信息与量子结合、连续变量和离散变量、量子算法的应用等。Hillery 等人在 1999 年的协议中,利用三粒子或四粒子最大纠缠态作为量子资源,基于局域操作的相关性,在三方或四方之间共享一个经典的秘密消息。其研究还讨论了怎样拆分一个未知的单量子比特[3]。同年 Karlsson 等人基于两粒子纠缠态提出了量子秘密共享协议,并分析了多种情形下协议的安全性。Cleve 等人基于量子纠错编码理论提出了 (k,n) 门限量子秘密共享的构造方法[4]。在其方案中,任意 k 个代理能够恢复未知的量子态,而任意少于 k 个代理却得不到任何秘密信息。由于遵行量子不可克隆定理,门限参数 k 必须满足 $k < n < 2k-1$。在 2000 年,D. Gottesman 推广了 Cleve 等人的结果,并得到了共享份额的下界,即主要代理的共享份额的量子比特数必须大于或

等于秘密分享的量子比特数。2001 年,Nascimento 等人改进了前两个研究团队的方案,首次提出用量子加密结合经典秘密共享的方法,实现一般访问结构上的量子秘密共享(但不能违背量子不可克隆定理)。2002 年,T. Tyc 等人首次提出了连续变量量子秘密共享方案。

2003 年量子秘密共享的研究继续升温:L. Y. Hsu 提出基于 Grover 算法的量子秘密共享协议;Guo 等人首次提出用多粒子乘积态实现量子秘密共享。这表明在分享经典信息的量子秘密共享协议方案中,纠缠态并不是必须的;Imai 等人首次建立了一个量子秘密共享的信息论模型。2005 年,Zhang 等人利用 Bell 态的纠缠交换性质提出分享经典信息的量子秘密共享协议方案。该方案利用局部幺正操作的方法将秘密信息附加在 Bell 态上,并且分析了在量子噪声信道下的安全性。然而,Lin 等人指出该方案存在着一个安全漏洞,即一个非授权代理机构可以恢复秘密信息。

6.2.2　安全直接通信下的量子秘密共享

安全直接通信下的量子秘密共享方案,具有很深刻的量子安全直接通信的影子,其主要的方案内容均依赖于量子安全直接通信的理念,但又不能仅靠其实现秘密共享,因为在秘密恢复阶段需要密钥分发者的参与。

2005 年,Zhang 基于 Deng 等人的量子安全直接通信两步协议提出了一个 (n,n) 门限量子秘密共享协议[5]。2009 年,Li 等人在 Zhang 的协议基础上提出了一个量子安全直接通信下的 (k,n) 门限量子秘密共享协议[6],其协议设计过程中利用 Lagrange 插值公式进行了预计算,并且每个参与者都对密钥进行了编码,体现了方案中参与者的公平性,也使得他们设计的方案更加安全。此后,Yang 等人提出了可以验证的 (k,n) 门限量子秘密共享协议的基本框架,并且基于 Lagrange 插值公式和后验机制给出了一个可验证方案的实例。此外,Yang 等人还讨论了 (k,n) 门限量子秘密共享协议中的成员扩展问题,并提出了解决的方法。具体而言,就是将一个 (k,n) 门限协议扩展成 $(k,n+1)$ 门限协议。但是,2016 年 Song 等人提出在 Yang 等人的协议中代理可以通过截取的量子序列来伪造新的量子序列,而且伪造的序列可以通过其他代理的验证。

6.2.3　多方与多方的量子秘密共享

顾名思义,多方与多方的量子秘密共享是指秘密共享方为多方,秘密接收方也为多方的一类量子秘密共享方案。这类方案也有其适用的特殊场景,比如部分共享方的信息需要结合其他共享方的信息,才能满足对面接收方的需要。

2005 年,Yan 等人提出了一个利用单粒子序列实现的多方(m 个代理,记为第一组)和多方(n 个代理,记为第二组)之间的量子秘密共享协议[7]。在这个协议中,第一组的代理通过幺正操作直接将他们各自的密钥加密到单粒子态上,最后一个代理成员(第一组的第 m 个代理)将最终量子比特的 $1/n$ 分别发送给第二组的代理成员,从而使得必须两组代理成员相互合作才能恢复秘密。此后,Yan 等人的小组分别利用单粒子态幺正操作编码以及六粒子态等方法实现了此类协议方案。2008 年,Yang 等人提出了一个利用单粒子序列实现的多方和多方之间的门限量子秘密共享协议,其协议中第一组中的 t 个代理和第二组中的 s 个代理相互合作才能恢复秘密,即(t,m)-(s,n)门限量子秘密共享协议[8]。2013 年,Dehkordi 等人提出了一个利用 GHZ 态序列实现的(t,m)-(s,n)门限量子秘密共享协议。

6.2.4 动态量子秘密共享

当合作代理可能临时发生改变时,就需要一种新的秘密共享方案,称之为动态量子秘密共享(Dynamic QSS,DQSS)。第一个动态量子秘密共享协议是 Hsu 等人基于 EPR 态的纠缠交换原理提出的[9]。在不改变原始代理的秘密共享过程中,一个代理者可以加入或退出共享过程,并且前后两个共享过程可以叠加构成一个($m+n$)方的量子秘密共享协议。而在 Jia 等人的动态量子秘密共享协议中,无论分享经典信息还是量子信息,代理组成员都是允许改变的[10]。同时,他们分别利用一类特殊的纠缠态和类星簇态设计了两个动态量子秘密共享协议,并且指出他们仅考虑了(n,n)门限的动态量子秘密共享协议。此后,Liao 等人利用 GHZ 态和 CNOT 操作设计了一个动态量子秘密共享协议,该协议不受窃听攻击、合谋攻击的影响,并且可以对被撤销的代理进行诚实检查。2015 年,Mishra 等人将动态量子秘密共享协议的概念进一步扩展到整数倍的多层动态量子秘密共享协议,并且该协议可以应用到目前存在的所有量子通信协议的方案中,如量子密钥分发或者量子安全直接通信。2016 年,Liu 等人实现了一个管理者与多个动态代理组之间的动态量子秘密共享协议,具有更好的灵活性,便于应用。最近,Qin 等人利用高维 GHZ 态实现了在一个更新期间也可添加或删除多个参与者的动态量子秘密共享协议。

6.2.5　半量子秘密共享

半量子秘密共享对一方通信者的量子能力进行限制,而另一方则具有完备的量子能力。被限制者(又被称为经典通信者)只能做以下的量子操作:以 Z 基进行量子态的测量;随机的返回粒子;以 Z 基制备量子态;利用延迟对粒子进行排序。半量子密码协议不像以前的量子密码协议,需要通信双方都具有完备的量子能力。

半量子密码既具有量子密码的特性,比经典密码安全,同时又节约了量子资源,便于在实际中实施。Li 等人基于最大纠缠的 GHZ 态设计了一个两方共享秘密的半量子秘密共享(Semi - QSS,SQSS)[11],但是,他们对于多方秘密共享的情况并未提出解决方案。2012 年,Gheorghiu 利用量子纠错码和稳定子的理论设计了一个半量子秘密共享协议[12],该协议的主要思想是任意一个量子纠错码都可以一般化为一个秘密共享,并且从访问结构的角度,通过对授权集合、非授权集合以及中介集合之间关系的分析定义门限秘密共享等。由于该方案利用经典秘密对部分信息进行了加扰置乱,因此可称为广义的半量子秘密共享协议。2015 年,Xie 等人提出了一个多方共享特定信息的半量子秘密共享协议。近两年,Gao 等人和 Yin 等人利用 Bell 态实现了多方半量子秘密共享协议。此后,学者们又对该方案存在的安全漏洞进行了改进。

6.2.6　局部操作和经典通信下的量子秘密共享

Gheorhiu 等人于 2013 年首先将经典线性编码下的量子纠错码映射到量子秘密共享协议中[13],利用局部操作和经典通信(LOCC)来实现秘密共享,降低了代理之间量子信道的使用率。2015 年,Rahaman 等人分析了在严格的局部操作和经典通信的条件下正交多粒子纠缠态可以精确区分的可能性[14],其团队基于对量子态局部可区分性的分析,提出了量子秘密共享协议,称为 LOCC - QSS 协议。量子态的局部区分可以简单描述为:许多代理共享一个多粒子纠缠态,其中量子态是从一对或一组正交量子态中任意选取的,他们的目标是通过局部操作和经典通信来确定所共享的量子态是哪一个。此处,将 LOCC - QSS 协议特指基于量子态局部可区分性的量子秘密共享协议。然而,Yang 等人发现 Rahaman 所提出的 (k,n) 门限 LOCC - QSS 协议存在安全漏洞,并将引起信息泄露的情况分为确定攻击和猜测攻击,用 Rahaman 等人的研究作为实例进行了信息泄露情况的定量分析。此后,Wang 等人对

LOCC - QSS 协议中态的局部可区分性进行了更加完善的区分,并且提出了判定空间的概念。其借助一个简单的编码方案,利用高维多粒子正交纠缠态的局部可区分性提出了可以抵抗确定攻击的(k,n)门限 LOCC - QSS 协议,并给出了一个$(3,4)$门限和一个$(5,6)$门限 LOCC - QSS 协议。Liu 等人在此基础上基于一组 7 粒子高维正交纠缠态的局部可区分性,提出了一个可以抵抗确定攻击的$(6,7)$门限 LOCC - QSS 协议。此外,Rahaman 等人还利用一对正交的 GHZ 态提出了一个$(2,n)$门限量子秘密共享协议,称为分组式 LOCC - QSS 协议,这里两个代理来自于不同的分组子集。此后,Yang 等人还利用高维广义 Bell 态的局部可区分性提出了一个标准的$(2,n)$门限 LOCC - QSS 协议。Bai 等人利用一对高维 GHZ 态也提出了一个标准的$(2,n)$门限协议,并利用高维多粒子正交纠缠态的局部可区分性提出了分组式$(3,n)$和分组式$(4,n)$门限 LOCC - QSS 协议。

6.3 典型协议介绍

多数量子秘密共享协议从本质上更接近于多方的量子密钥分发,这要区别于经典秘密共享的加密方式:将原始消息分成多份并且进行加密。在(n,n)的量子秘密共享协议中,除了信息发送者 Alice 之外,还存在 n 个互相独立的代理(可以命名为 Bob_1,Bob_2,Bob_3,Bob_4,…,Bob_{n-1},Bob_n),为了实现代理之间的互相牵制,Alice 将会制作 $n+1$ 份密钥,自己保留一份,随后将剩下 n 份分别发送给 n 个代理,典型的量子秘密共享协议中 Alice 保留的密钥会和其他 n 份密钥存在一定的转换关系。这样,在 Alice 对所传递信息进行加密之后,没有任何一个或者非 n 个代理可在避开他人的情况下获取全部的信息,其可获取的信息量会不足以破译 Alice 发送的加密信息。下面就部分典型的量子秘密共享协议进行介绍。

6.3.1 第一个量子秘密共享协议——HBB

为描述方便,将 $n+1$ 方简化为三方(Alice、Bob 和 Charlie),Hillery M. 等人于 1999 年第一次提出的量子秘密共享协议[3],可描述如下:

首先,Alice、Bob 和 Charlie 分别获取 GHZ 量子态的三粒子之一,描述为下式(Alice 拥有 A 粒子,Bob 拥有 B 粒子,Charlie 拥有 C 粒子):

$$|\varphi\rangle_{ABC} = \frac{1}{\sqrt{2}}(|0_A 0_B 0_C\rangle + |1_A 1_B 1_C\rangle) \tag{6-1}$$

每一方都需要拥有测量基:

$$X = \{|+x\rangle, |-x\rangle\}$$

$$|+x\rangle = \frac{1}{\sqrt{2}}(|0\rangle + |1\rangle)$$

$$|-x\rangle = \frac{1}{\sqrt{2}}(|0\rangle - |1\rangle)$$

$(6-2)$

$$Y = \{|+y\rangle, |-y\rangle\}$$

$$|+y\rangle = \frac{1}{\sqrt{2}}(|0\rangle + i|1\rangle)$$

$$|-y\rangle = \frac{1}{\sqrt{2}}(|0\rangle - i|1\rangle)$$

$(6-3)$

随机选择其中一组测量基对自己的粒子进行测量。测量分析之后可以发现有两种情形下三方测量结果是具有明确关联性的:① 三者都选择 X 测量基;② 有且仅有一方选择测量基 X。具体分析如表 6 - 1 所列(Alice 和 Bob 分别拥有 4 个测量结果,在 Alice 和 Bob 的结果确定后,便可以从剩余项中得到 Charlie 的测量结果)。

表 6 - 1　各方独立测量产生的结果相关

Bob ＼ Alice	$\|+x\rangle$	$\|-x\rangle$	$\|+y\rangle$	$\|-y\rangle$
$\|+x\rangle$	$\|0\rangle + \|1\rangle$	$\|0\rangle - \|1\rangle$	$\|0\rangle - i\|1\rangle$	$\|0\rangle + i\|1\rangle$
$\|-x\rangle$	$\|0\rangle - \|1\rangle$	$\|0\rangle + \|1\rangle$	$\|0\rangle + i\|1\rangle$	$\|0\rangle - i\|1\rangle$
$\|+y\rangle$	$\|0\rangle + i\|1\rangle$	$\|0\rangle + i\|1\rangle$	$\|0\rangle - \|1\rangle$	$\|0\rangle + \|1\rangle$
$\|-y\rangle$	$\|0\rangle - i\|1\rangle$	$\|0\rangle - i\|1\rangle$	$\|0\rangle + \|1\rangle$	$\|0\rangle - \|1\rangle$

其次,依据上述的相关表格,Alice 检查是否存在窃听者 Eve。方法是要求 Bob 和 Charlie 向其报告测量结果,Alice 将三人的测量结果与表 6 - 1 对比:若所选择的测量基造成测量结果存在相关性,则 Alice 可以检查出自己的测量基和测量结果是否对应,并且记录这次对比结果;若无相关性,则忽略这组测量结果。在已有误码率阈值的情况下,Alice 依据对比结果错误率与阈值的大小关系就可以得出是否存在 Eve。若不存在,则继续,否则取消本次通信。

然后,Alice 需要与 Bob 和 Charlie 建立起密钥关系 $k_A = k_B \oplus k_C$。Alice 要求 Bob 和 Charlie 分别将其采用的测量基(前面通信窃听检查的数据除外)告知她,随之 Alice 便依据表 6 - 1 得出哪些数据是有相关性的,并反馈给 Bob 和 Charlie。如此,三方都可以拥有部分密钥。Alice 编码规则:① 如果 Alice、Bob 和 Charlie 所选择的测量基都是 X,那么 Alice 的测量结果与编码对应为 $|+x\rangle \rightarrow 0$,$|-x\rangle \rightarrow 1$;② 若三者

测量基有且仅有一个是 X，其他为 Y，那么 Alice 的测量结果与编码对应为 $\{|+x\rangle,|+y\rangle\}\rightarrow1,\{|-x\rangle,|-y\rangle\}\rightarrow0$。Bob 的编码规则：Bob 的测量结果与编码对应为 $\{|+x\rangle,|+y\rangle\}\rightarrow0,\{|-x\rangle,|-y\rangle\}\rightarrow1$。

最后，Alice、Bob 和 Charlie 在公共信道中进行密钥纠错和保密放大，其可以借鉴传统保密通信过程中的纠错理论和效率增加方法。

HBB 协议是最早的量子秘密共享协议之一，在量子通信上提出了多方牵制的秘密共享原型，其信道窃听检测和秘密共享方法在理论上是安全可证的。

6.3.2　双光子三维 Bell 态量子秘密共享协议

Gao G. 利用双光子三维 Bell 态提出了一种大容量的量子秘密共享协议[15]。该协议需要在两光子三维希尔伯特空间中实现，可以简单描述为

$$|\phi\rangle_{nm}=\sum_{j=0}^{2} e^{2\pi ijn/3}\,|j\rangle\otimes|j+m\bmod 3\rangle/\sqrt{3} \qquad (6-4)$$

式中：$n,m=0,1,2$。其协议中需要大量使用单位操作，针对量子态进行的单位操作可描述为

$$\boldsymbol{U}_{nm}=\sum_{j=0}^{2} e^{2\pi ijn/3}\,|j+m\bmod 3\rangle\otimes\langle j| \qquad (6-5)$$

式中：$n,m=0,1,2$。单位操作 $\boldsymbol{U}_{nm}$ 可以将 $|\phi\rangle_{00}$ 转变成对应状态，如下：

$$\boldsymbol{U}_{nm}\,|\phi\rangle_{00}=|\phi\rangle_{nm} \qquad (6-6)$$

假设上述的转换操作分别对应一个两位的经典密钥：

$$\boldsymbol{U}_{00}\rightarrow 00,\quad \boldsymbol{U}_{10}\rightarrow 10,\quad \boldsymbol{U}_{20}\rightarrow 20,$$
$$\boldsymbol{U}_{01}\rightarrow 01,\quad \boldsymbol{U}_{11}\rightarrow 11,\quad \boldsymbol{U}_{21}\rightarrow 21,$$
$$\boldsymbol{U}_{02}\rightarrow 02,\quad \boldsymbol{U}_{12}\rightarrow 12,\quad \boldsymbol{U}_{22}\rightarrow 22$$

这样便可在很大程度上提高量子态的编码利用效率。协议中还采用了两组三维希尔伯特空间测量基：$Z\text{-MB}$ 测量基和 $X\text{-MB}$ 测量基。

$Z\text{-MB}$ 测量基：

$$\left.\begin{array}{l}|\boldsymbol{Z}_0\rangle=|0\rangle\\|\boldsymbol{Z}_1\rangle=|1\rangle\\|\boldsymbol{Z}_2\rangle=|2\rangle\end{array}\right\} \qquad (6-7)$$

$X\text{-MB}$ 测量基：

$$|\boldsymbol{X}_0\rangle = \frac{1}{\sqrt{3}}(|0\rangle + |1\rangle + |2\rangle)$$

$$|\boldsymbol{X}_1\rangle = \frac{1}{\sqrt{3}}(|0\rangle + e^{2\pi i/3}/\sqrt{3}\,|1\rangle + e^{-2\pi i/3}/\sqrt{3}\,|2\rangle) \qquad (6-8)$$

$$|\boldsymbol{X}_2\rangle = \frac{1}{\sqrt{3}}(|0\rangle + e^{-2\pi i/3}/\sqrt{3}\,|1\rangle + e^{2\pi i/3}/\sqrt{3}\,|2\rangle)$$

代理可以采用三阶 H 门操作对上述两测量基进行相互转换：

$$\boldsymbol{H} = \begin{bmatrix} \dfrac{1}{\sqrt{3}} & \dfrac{1}{\sqrt{3}} & \dfrac{1}{\sqrt{3}} \\ \dfrac{1}{\sqrt{3}} & \dfrac{e^{2\pi i/3}}{\sqrt{3}} & \dfrac{e^{-2\pi i/3}}{\sqrt{3}} \\ \dfrac{1}{\sqrt{3}} & \dfrac{e^{-2\pi i/3}}{\sqrt{3}} & \dfrac{e^{2\pi i/3}}{\sqrt{3}} \end{bmatrix} \qquad (6-9)$$

Gao G. 的协议中设定 Alice 是发送密钥信息的一方，分发接收者是 Bob 和 Charlie。协议具体流程可简要描述如下：

① 由 Alice 操作生成一组 EPR 纠缠态，并且将两光子按照顺序依次提取分成两列。第一个光子一起组成 S_{a1}，剩余 S_{a2}。之后 S_{a1} 序列被 Alice 发送给 Bob。

② 在 Bob 收到 Alice 的 S_{a1} 之后，有两个工作：首先，确认是否是单光子；其次，Bob 采用 U_{nm} 和 $\boldsymbol{H}$ 之中的一个操作在 S_{a1} 光子上，然后发送给 Charlie。

③ 当 Charlie 收到了光子之后，也先确定是否是单光子。也采取上面 9 种操作之一。

④ Alice 从 S_{a2} 中选择部分光子，并且随机地选用 $Z-MB$ 或者 $X-MB$ 测量基进行测量。然后 Alice 公布测量结果并且要求 Charlie 把相应位置在 S_{a1} 中的光子（C_1）发送给 Alice。在这之后 Alice 要求 Bob 和 Charlie 告诉她，他们对这些光子是如何操作的。所以 Alice 用合适的测量基来测量，并且确定误码率来判断是否安全。与此同时，Alice 公布这些光子全部来自 $|\boldsymbol{\phi}\rangle_{00}$。

⑤ Alcie 通过用 U_{nm} 操作 S_{a2} 中的光子来传递密钥。但是，部分光子不能编码（C_2）。只有 Alice 知道这些光子的位置并且用来检测传递 S_{a2} 是否安全。编码之后传递给 Charlie。

⑥ 在确定 Charlie 收到了 S_{a2} 之后，Charlie 和 Bob 合作，他们可以获得损伤了的密钥信息，因为他们破译了 $N_1-C_1-C_S$ 对纠缠态（假设单光子探测器浪费了 C_S 的纠缠态），这里面包含了 C_2 对不负载密钥信息的纠缠态。正确的贝尔态测量过程如下：如果 Bob 的操作是 9 种 U_{nm} 操作之一，则他们直接进行 Bell 测量。如果是 $\boldsymbol{H}$，那么先执行 $\boldsymbol{H}^{-1}$ 操作（$\boldsymbol{H}\boldsymbol{H}^{-1}=1$），再进行 Bell 测量。所以他们可以推断出 Alice 的密钥，通过测量结果和自己的操作。

⑦ Alice 告知 C_2 的位置,这样他们都是可靠的,安全证明类似于文献[16]。而且,在 S_{a2} 的传递过程中即使 Eve 窃取到了也无法得知密钥信息,因为没人能够从 EPR 纠缠态的单个光子中得到信息。

随后 Cheng-Chieh Hwang 等人在此基础上提出改进的双光子三维量子秘密共享方案,插入了诱骗态来提高窃听检查效率,删除了 **H** 操作,最终的理论效率又得到进一步提高。

6.4　注　记

目前,共享量子态的量子秘密共享协议多集中在利用纠缠交换和量子隐形传态的手段来实现,而共享经典信息的量子秘密共享协议形式多样。共享量子态的纠缠交换或量子隐形传态协议从理论上有较好的安全性,但在实用化设计过程中仍然面临量子态的制备和操控等技术限制,未来仍然需要量子技术的推动才能更加贴近实用。在共享经典信息的量子秘密共享协议中,通过本章简要分析后,可以得出:基于量子态局部可区分性的 LOCC－QSS 协议,从加密手段上是完全基于量子态的基本性质的,在窃听检测阶段巧妙运用了稳定子测量检测的方法,在秘密复阶段不需要密钥分发者的参与并且不需要联合操作,因此相比于其他诸多量子秘密共享协议,更具实用研究价值。然而,目前 LOCC－QSS 协议的研究还存在诸多问题。例如,在 (k,n) 门限 $(k<n)$ 的情况下协议的安全性问题,分组式 LOCC－QSS 协议中任意 k 的安全性条件等。

参考文献

[1] Shamir A. How to share a secret[J]. Communications of the ACM,1979,22 (11):612-613.

[2] 王静涛. 量子秘密共享方案及其应用研究 [D]. 北京:北京邮电大学,2018.

[3] Hillery M, Buzek V and Berthiaume A. Quantum secret sharing [J]. Physical Review A,1999,59(3):1829-1834.

[4] Cleve R, Gottesman D, Lo H K. How to Share a Quantum Secret [J]. Physical Review Letters,1999,83 (3):648-651.

[5] Zhang Z L. Multiparty quantum secret sharing of secure direct communication [J]. Physics Letters A, 2005, 342(1): 60-66.

[6] Li B K, Yang Y G, Wen Q Y. Threshold quantum secret sharing of secure direct communication [J]. 中国物理学报(英文版), 2009, 26(1): 21-24.

[7] Yan F L, Gao T. Quantum secret sharing between multiparty and multiparty without entanglement [J]. Physical Review A, 2005, 72(1): 012304.

[8] Yang Y G, Wen Q Y. Threshold quantum secret sharing between multi-party and multi-party [J]. Science in China Series G: Physics, Mechanics and Astronomy, 2008, 51(9): 1308-1315.

[9] Hsu J L, Chong S K, Hwang T, et al. Dynamic quantum secret sharing [J]. Quantum Information Processing, 2013, 12(1): 331-344.

[10] Jia H Y, Wen Q Y, Gao F, et al. Dynamic quantum secret sharing [J]. Physics Letters A, 2012, 376(10): 1035-1041.

[11] Li Q, Chan W H, Long D Y. Semiquantum secret sharing using entangled states [J]. Physical Review A, 2010, 82(2): 022303.

[12] Gheorghiu Vlad. Generalized Semi-Quantum Secret Sharing Schemes[J]. Physical Review A, 2012, 85(5): 77-77.

[13] Gheorghiu V, Sanders B C. Accessing quantum secrets via local operations and classical communication [J]. Physical Review A, 2013, 88(2): 195-201.

[14] Rahaman R, Parker M G. Quantum secret sharing based on local distinguishability [J]. Physical Review A, 2014, 91(2).

[15] Gao G. Multiparty Quantum Secret Sharing Using Two-Photon Three-Dimensional Bell States[J]. 理论物理通讯(英文版), 2009, 052(9): 421-424.

[16] Cai Q Y, Li B W. Improving the capacity of the Boström-Felbinger protocol [J]. Physical Review A, 2004, 69(5): 054301.

第 7 章　量子通信中的关键技术

　　舞龙是我国传统的技艺项目,在其游龙、穿腾和翻滚等代表性技巧中,龙头、龙身和龙尾的各个节点都有对应的核心技术要领,在量子通信系统中亦是如此。光子是量子通信的理想信息载体,根据目前量子通信(包括量子密钥分发、量子安全直接通信和量子秘密共享等)理论研究和设计需要,量子通信的光源必须具备量子特性,对信息的编码调制(诸如相位、偏振等)必须是随机进行的,调制后的光信号在长距离量子信道中传播时要利用可靠的量子中继,接收端要对光量子态进行随机测量,最后还需要通信双方或多方对测量结果进行解码和纠错,从而完成信息传递。整个过程涉及的关键技术有量子光源产生技术、量子随机数发生技术、量子中继技术、光信号探测技术和量子编码技术等,只有全过程的关键技术都满足设计需要,才能形成量子通信系统的应用能力。

7.1　量子光源制备技术

　　量子光源主要为单光子源、纠缠光源,以及连续变量需要的连续光源等。在量子通信研究中,理想情况下信息的载体多为单光子。但由于更多丰富的理论和设计需要,纠缠光源、连续光源等的产生也成为量子通信中重要的量子光源。现阶段,量子光源可以简单地描述为单光子源是典型量子通信系统的基本载体,纠缠光源则主要在基于纠缠理论的量子通信系统中,而连续光源是连续变量量子通信系统的信号本源。本节主要介绍前两者。

7.1.1 单光子源

1. 单光子源的定义

单光子源,顾名思义,是指同一时刻有且只有一个光子产生的光源。然而,目前还没有完美的单光子源,常见的量子通信实验均是通过激光衰减到单光子量级来实现的。

普通的热光源和激光是由大量原子发光,从光子数分布上看,满足泊松分布,即

$$P_n = \frac{\mu^n \mathrm{e}^{-\mu}}{n!} \tag{7-1}$$

式中:P_n 表示任意时刻发生 n 光子事件的概率;μ 表示平均光子数。当 μ 接近于 0 时,双光子事件概率趋向于 $\frac{\mu^2}{2}$,随 μ 呈现平方减小趋势。在量子密钥分发系统中,常常利用衰减设计,使得 μ 远小于 1,从而降低多光子的概率,获得准单光子源。

2. 理想单光子源的条件

(1) 双光子压制

二阶关联函数 $g^{(2)}(\tau)$ 是评判一个光源是否为单光子源的重要指标,其表达式为

$$g^{(2)}(\tau) = \frac{\langle \hat{a}^{\dagger}(t)\hat{a}^{\dagger}(t+\tau)\hat{a}(t+\tau)\hat{a}(t) \rangle}{\langle \hat{a}^{\dagger}(t)\hat{a}(t) \rangle^2} \tag{7-2}$$

表示分别在 t 时刻和 $t+\tau$ 时刻探测到 1 个光子的概率。对于光子数为 n 的态(Fock态)为

$$g^{(2)}(0) = 1 - \frac{1}{n} \tag{7-3}$$

只有当单光子态与真空态叠加才能保证 $g^{(2)}(0) = 0$,光子可呈现反聚束效应。而对于相干光(激光)的 $g^{(2)}(0) = 1$,热光源的 $g^{(2)}(0) = 2$,光子均呈现聚束效应,无法实现单光子。

(2) 光子全同性

当双光子压制的单光子源还不能满足光量子通信的基本要求时,光子全同性对于实现双比特或多比特量子逻辑门起着重要作用。当一个光子入射到 50：50 的分束器时,会分别有一半的概率透射或反射。当两个全同的光子分别从分束器两端入射时,会出现图 7-1 中 4 种可能的结果。

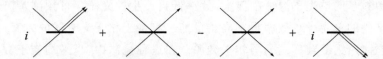

图 7－1 双光子入射经过 50∶50 分束器后可能产生的出射结果及概率幅

光子在分束器上反射时,会引入 $\frac{\pi}{2}$ 的相位跃迁,中间两项因概率幅相反而抵消,只剩下边上两项出射结果。从宏观上看,两光子沿相同的方向出射,这种现象就是 HOM(Hong-Ou-Mandel)干涉[1]。类原子结构中的发光偶极子往往处于复杂的晶格环境中,受晶格振动(声子)的影响,发出的荧光光子会出现退相干和能谱展宽,从而降低光子全同性。

(3) 效 率

效率包括单光子的产生效率和收集效率。单光子的产生效率是指在单脉冲激发下,单光子源产生单光子的概率。对于理想的确定性单光子源,每一次脉冲激发,有且仅有一个光子产生。单光子源产生的光子往往沿 4π 空间角出射,只有很少一部分能被光学系统收集利用,将单光子源置于一定的微腔结构中,可提高单光子的收集效率。

3. 几种单光子源研究对比

研究人员已经在不同的原子和类原子系统中观察到了单光子发射。1977 年 Kimble 等人利用连续激光共振激发钠原子束,首次发现光子的反聚束现象,证实了单原子共振荧光的非经典特性。随后,产生单光子源的方法逐渐丰富,有基于单原子、单分子、离子、金刚石 NV 色心、量子点等单粒子或准单粒子的辐射,基于光学参量下转换、四波混频等非线性光学效应和基于相干光衰减产生单光子等。表 7－1 是对一些类原子结构的单光子源做的总结,可以看出不同体系,单光子源的波长、寿命、工作温度等信息各不相同。

表 7－1 类原子结构的单光子源类型和特点

技术路线	波长/nm	寿命/ns	工作温度	特 点
原子	材料确定	约为 30	激光制冷	相干时间长
分子	可见光	1～5	室温	NA
离子	材料确定	约为 30	激光制冷	相干时间长
NV 色心	640～720	20～30	室温	NA
量子点	250～1 550	0.1～10	室温	材料决定

基于单粒子的单光子源体积庞大、效率低且产生的光子不可预测,基于晶体非线性效应产生的单光子源效率也不高。目前只有基于相干光衰减的方案可实现体积小、稳定性好、重复频率高的弱相干光源。在这种光源中,当平均光子数较低时,可近似认为是单光子源,是目前量子通信所使用的光源[2],对于式(7-1)中 $\mu=0.1$ 的弱激光脉冲,约 90% 的光脉冲不含光子,而在含光子的约 10% 的脉冲中,其中约 95% 的光脉冲为单光子信号,仅约 5% 的光脉冲为多光子信号。所以,弱衰减激光脉冲可以较好地模拟单光子信号。

7.1.2 纠缠光源

1. 纠缠光源的定义

纠缠光源,是指某类光源可以制备相互之间存在非局域效应的光子。纠缠光源对量子通信系统和基础物理学研究都有重要价值,例如量子密钥分发、量子隐形传态,以及贝尔不等式证明等。其质量的衡量标准包括:光纤耦合效率、纠缠光子对生成速率和纠缠保真度。纠缠光源让大家耳熟能详的一个名人趣事便是 EPR 悖论,如在第 2 章中所述,其可以实现超远距离的干扰作用——"幽灵"作用:纠缠光源制备两个相互纠缠的光子,无论相距多远,只要其中一个光子被探测,另一个便会做出相应的改变。

2. 纠缠光源制备方案简析

纠缠光源的制备方法有多种,其中非线性材料中的自发参量下转换过程代表了到目前最好的标准。在转换过程中,一个高能量的泵浦光子衰退成两个低能量的下转换光子,通常被称为 signal 和 idler 光子。这两个光子可以在多个自由度被裁减并表现出纠缠的性质。自发参量下转换过程提供了多种生成偏振纠缠的可能方案,其中两种最常见的方法分别是交叉晶体的几何结构(即将两个下转换晶体顺序放置在共线的装置中,但它们其中一个晶体的光轴被旋转 90°,并且使用对角偏振的高能量光子作为泵浦从而使两个晶体能够以相同的概率产生纠缠光子对)和 Sagnac 方案(即将一个下转换晶体放置在 Sagnac 干涉仪中,泵浦光子从顺时针和逆时针两个方向以相等的概率经过非线性晶体)。这两个方案受欢迎的原因在于:泵浦光子和下转换光子的路径完全重叠,也就表示它们不需要主动地干涉相位稳定操作或者时间同步操作。

众所周知,光子的多自由度物理量可用于编码信息,其物理量包括偏振、轨道角动量、时间、频率和空间路径等。其实两个光子不仅仅能够在一个自由度产生纠缠态,它们也能够同时在多个自由度产生相对独立的纠缠态,称为超纠缠[3]。超纠缠态可以通过实现基于完全贝尔量子态测量的超密集编码以提高通信效率,也可以探寻高维度量子隐形传态以实现更高效率的量子网络,同样可以用在不对称网络中以制备多光子纠缠态。另外,超纠缠对于一些其他实际信息技术的应用,例如纠缠提纯、量子计算和贝尔不等式的证明都是极为重要的。高纬度量子信息处理则进一步要求了对超纠缠量子态的高维属性进行确认和验证。但是直接对超纠缠量子态进行描述是一个巨大的挑战,因为在多个自由度形成的全局量子态空间中进行测量是不现实的。因此如何生成、操控和测量超纠缠量子态,以及对超纠缠量子态的高维属性进行有效的验证都具有重大意义。

7.2 量子随机数发生技术

随机数是现代加密系统中密钥、初始化向量和随机填充值等数据产生的源泉[1]。现有的密钥、初始化向量和随机填充值的产生,多依赖于数学方法或者传统物理方法等。数学方法从算法复杂度出发提高伪随机序列的"随机性",传统物理手段也多借助可建模的物理路径,或者经典噪声实现伪随机序列的"随机性",两者产生的随机数序列或多或少存在规律性、关联性和重复性,给安全应用系统造成一定隐患。而在量子通信过程中,尤其需要利用随机数对密钥或加密信息进行安全调制,以此确保产生的密钥或加密信息理论上不具有规律性、关联性和重复性。

量子随机数发生器(Quantum Random Number Generation,QRNG)是指利用量子物理效应或者粒子自身的"内禀随机性",基于一定的信号处理手段而生成的量子随机序列的仪器。量子随机数依据量子力学基本原理,是迄今为止唯一从理论上可证的真随机数产生途径。一般性的量子随机数发生器组成包含量子态的制备、测量和后处理等主要部分,简要结构流程图如图7-2所示。量子随机数的出现给随机

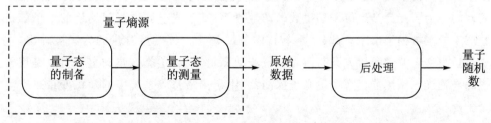

图 7 - 2 一般性的量子随机数发生器结构流程图

数的研究打开了一扇窗,但现阶段其随机数发生速率、环境适应性和量子性检测上仍然需要进一步研究。

7.2.1 量子随机数研究现状概述

国内外相关机构已将具有内禀随机性的量子随机数发生技术作为主要研究方向,开展了包括基于放射性衰变、光路设计,甚至是全电化设计等多种量子随机数发生技术方案的研究。

放射性衰变过程是一个典型的量子随机源,具备产生量子随机数的客观条件,1949 年 Friedman 使其成为了第一个量子随机数发生方案[4]。为了简单起见,大多数基于放射性衰变的量子随机数发生器都是通过测量放射性衰变过程中产生的 β 射线的方式来产生随机数。尽管基于放射性衰变的方案是一个获取量子随机性的有效途径,但是这类方案在实际应用中受到很多因素的限制:首先方案需要一个放射源,而且为了获取较高的随机数产生速率,这个放射源通常需要很高的强度,这本身就非常困难,加之相应的安全防护措施标准也需要进一步提高;其次,放射源的强度会随着时间越来越弱,同时粒子探测器在放射源的照射下,会不断地受到损害,这使得这类随机数发生器的速率会越来越低,无法保证稳定且连续的随机信号输出。

Rarity 等人在 1994 年提出基于单光子探测的光子路径选择方案[5],后来又陆续有 Stefanov 等人做了类似的工作。随机性不仅可以通过测量光子的路径选择来产生,也可以通过测量包含多个光子的量子态来产生。相干态是光子数态的一个叠加态,如果对其进行测量,相干态将会随机地塌缩到不同的光子数态。因此可通过使用可分辨光子数的单光子探测器对相干态进行测量,根据测量结果产生原始随机数据,即基于光子数分辨的量子随机数产生方案。

随机数产生速率是一个量子随机数发生器的关键指标,基于单光子探测的量子随机数发生器方案中,受限于现有单光子探测器的性能(主要是能够达到的最高计数率),产生速率只能达到 100 Mb/s 量级,并且在可见的未来得到显著提高是很难实现的。为了提高产生量子随机数的产生速率,基于光子到达时间测量的量子随机数产生方案被提了出来。此外,还有许多新的基于连续变量测量的方案被提出,主要包括真空态波动测量方案与激光相位波动测量方案,这类方案的主要特点是用常规的高速光电探测器代替了单光子探测器,用于测量量子系统中的随机变量来产生量子随机性。

由于电子载体具有电子学优势,相关研究人员开展了以电子为载体的量子随机数发生器研究。2017 年,英国的 Ramon 等人基于共振隧道二极管(Resonant Tunneling Diode，RTD）设计了一种提取量子随机信号的方法[6]：依靠两个量子势垒和一个量子阱，构成两端型的隧穿器件，利用电子的隧穿提供随机信号。国内航天二院未来实验室、清华大学等开展了以电子隧穿效应、库仑阻塞效应等为随机量子熵源的研究。

除了前面已经提到的几类量子随机数发生方案之外，还有很多其他方案，包括拉曼散射方案、光参量振荡器方案、放大的自发辐射方案、衰减的光脉冲方案、部分电子学噪声方案和基于原子量子系统的方案等，其中部分主要量子随机数发生方案及其依据物理原理、产生速率，如表 7－2 中所列。

表 7－2　主要量子随机数技术方案

量子随机数发生方案	物理原理	产生速率
基于自发辐射的方案	放射性元素衰减	kb/s
基于单光子路径选择的方案	路径叠加和测量	Mb/s
基于量子隧穿效应的方案	电子隧穿高势垒	Mb/s
基于库仑阻塞效应的方案	库仑岛阻塞电子	Mb/s～Gb/s
基于对光子空间模式测量的方案	到达位置的统计特性	kb/s～Mb/s
基于对光子到达时间进行测量的方案	到达时间的统计特性	Mb/s
基于对多光子态测量的方案	光子数的统计特性	Mb/s
衰减脉冲的方案	相干态的二态测量	Mb/s
基于真空涨落的方案	散粒噪声测量	Mb/s～Gb/s
相位噪声的方案	激光器的相位噪声	Gb/s
放大自发辐射噪声的方案	自发辐射噪声中的振幅涨落	Gb/s
拉曼散射的方案	与声子相互作用的涨落	kb/s～Mb/s
光学参量振荡器的方案	光学参量振荡器的双稳性	kb/s

7.2.2　基于光子路径选择的量子随机数

分支路径量子随机数发生器是出现较早的量子随机数发生器方案之一。其本质在于，对一个测量基矢（本征值为 $|0\rangle$ 和 $|1\rangle$）的叠加态，进行测量来产生随机信号，即

$$|+\rangle = \frac{1}{\sqrt{2}}(|0\rangle + |1\rangle) \tag{7-4}$$

在实际光学系统中，一般使用的是弱相干光源制备量子态（为了清晰叙述，假设

入射的是完美的单光子),并利用单光子探测器进行测量。

如图 7-3 所示,光源发出一个光子,通过一个平衡的分光镜,会以相同的概率透射或者反射。如果是透射,光子就会进入路径 T,则记为 $|0\rangle_R|1\rangle_T$。其中,下标表示路径,而数字表示进入该路径的光子数。路径 T 上有一个光子经过,记为 $|1\rangle_T$。同时,因为光源是一个单光子而且这个光子已经透射了,所以反射路径 R 上没有光子经过,记为 $|0\rangle_R$。

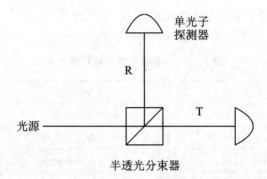

单光子
探测器

R

光源

T

半透光分束器

图 7-3 基于半透分光协议的路径选择方案

同样的,如果光子反射,进入反射路径 R,那么对应的量子态就可以记为 $|1\rangle_R|0\rangle_T$。结合在一起,单光子入射一个反光镜后,形成的态就是可能通过的路径的叠加态,也就是:

$$|\varphi\rangle = \frac{|1\rangle_R|0\rangle_T + |0\rangle_R|1\rangle_T}{\sqrt{2}} \tag{7-5}$$

要测量 $|0\rangle_R|1\rangle_T$ 和 $|1\rangle_R|0\rangle_T$ 两个量子态,只需测量 T 路径和 R 路径是否有光子便可。在一个基于该原理的量子随机数发生器中,利用单光子探测器(SPD)探测时,如果 R 路径的 SPD 响应,输出就是 0;如果 T 路径的 SPD 响应,输出就是 1。理论上 0 和 1 输出的概率是相同的。

很自然的,可以使用多个分光镜,来构造多个光子可能通过的路径,路径 1,路径 2,…,路径 n。那么类似的,不同路径形成的叠加态为

$$\frac{|1\rangle_1|0\rangle_2\cdots|0\rangle_n + |0\rangle_1|1\rangle_2\cdots|0\rangle_n + \cdots + |0\rangle_1|0\rangle_2\cdots|1\rangle_n}{\sqrt{n}} \tag{7-6}$$

这样,每次测量,得到的输出就有 n 种不同的数值,从而产生 $\log_2 n$ 比特的随机数。

当然,这种方案并不适合于选取一个很大的 n 来提高量子随机数发生器的速率。其中一个重要理由是:这种方案和直接使用 $\log_2 n$ 个传统基于路径的量子随机数发生器方案,都可以将随机数发生速度提高 $\log_2 n$ 倍。但是比较使用的设备数量时,使用多个传统生成器的方案,只需要 $\log_2 n$ 个光源和 $\log_2 n$ 个探测器。而 n 个分

支路径的方案则需要 1 个光源和 n 个探测器。一般来说,探测器的成本比光源的成本要高很多。所以,n 个分支路径的方案在提高随机数发生速率方面实用性并不大。

如图 7 - 4 所示,类似的分支路径方案还可以通过光子偏振的性质来实现,图中 H 偏振和 V 偏振分别代表着 $|0\rangle$ 和 $|1\rangle$,$|+\rangle$ 代表 45°偏振态。该方案,首先制备一个处于 $|+\rangle$ 偏振态的单光子态,并经过一个极化分光镜。如果路径 H 的 SPD 响应,测到的就是 $|0\rangle$;如果路径 V 的 SPD 响应,测量到的就是 $|1\rangle$。

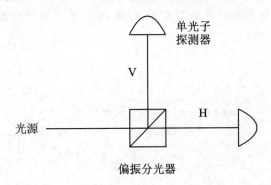

图 7 - 4　基于偏振分光协议的路径选择方案

基于分支路径的量子随机数发生器方案,其随机性发生原理非常清晰,但是其随机数的生成速率受到单光子探测器探测效率的影响。一般情况下,一次探测只能产生 1 比特的随机数,而多分支路径的方案,虽然可以生成多比特随机数,但是需要指数多的探测器,并不适合实用化。

7.2.3　设备无关的量子随机数

实际量子随机数发生器系统中不可避免地会引入经典噪声,敌人甚至可能完全控制设备,在设备中植入木马,使设备按照某些经典变量执行操作。这样实际系统的运行方式不能再用理论模型进行描述,产生的随机数可能会有安全问题。量子力学可以给出不依赖于设备的量子随机数发生方案,区分出非受信设备物理系统的量子随机性和经典随机性,并且可以度量量子随机性的大小,称为设备无关的量子随机性认证。

通常设备无关量子随机数发生方案是基于量子非局域性和贝尔不等式。在介绍方案之前,人们需要理解一个游戏规则:Alice 和 Bob 共享一个设备去完成非局域性游戏,这类游戏有一个特殊的"特征",即任何经典策略(确定性策略)描述设备的行为可以导致最大的获胜概率为 C(一般值 2),而使用纠缠来帮助完成该游戏可以得到的最大获胜概率为 Q(一般值 $2\sqrt{2}$),Q 大于 C(相关数值计算原理符合贝尔不等式的违背原理,在此不再细述)。因此,如果诚实的用户观察到他们可以使用该设备以概率 Q 赢得比赛,就可以得出结论,该设备必定是非局域的,其输出结果不可能被提前决定。而游戏中获胜概率直接决定了产生的安全随机数质量。

关于典型的设备无关量子随机数发生方案,简要描述如图 7 - 5 所示。Alice 和 Bob 共享一对粒子纠缠量子态,Alice 端输入 x,Bob 端输入为 y,假设 Alice 和 Bob 之间没有窃听者 Eve,那么 x、y 联合测量后,Alice 端的 a 和 Bob 端的 b 结果属于 Q;如若 Alice 和 Bob 之间存在窃听者 Eve,那么 x、y 之间只有经典关联,则联合测量后的值不会超过 C。

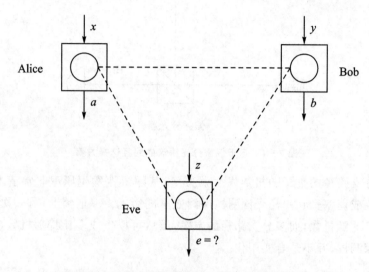

图 7 - 5   设备无关的量子随机数发生过程示意图

在过去的 10 年,许多与设备无关的方案被提出并应用到随机数产生、随机数拓展、随机数放大等任务中。现有结果已经可以在实验上验证设备无关量子随机数的产生,但人们还需要探寻其更高成码率的安全性证明。在 2018 年 2 月,美国国家标准技术研究院(NIST)发表了每 10 分钟生成了 1 024 个随机比特的设备无关量子随机数发生实验,该实验已经于 2018 年发表在《自然》杂志[7]上。

7.2.4   基于量子隧穿效应的量子随机数

前述的量子随机数发生机制皆基于放射衰减和光载体,在系统的集成和稳定需求面前存在一定发展瓶颈。为了提升量子随机数发生器速率、集成性和稳定性等指标,部分研究人员已经聚焦到了基于电子载体的量子随机数发生技术,量子隧穿效应是较为理想的电子内秉随机过程。量子隧穿效应:一个具有一定能量的入射电子,面对一个较高势垒(势垒高度大于电子能量),电子无法通过经典的方法翻越势垒,但是却可能隧穿进入势垒,观察者可以在势垒另一侧观测到电子,如此便是典型的量子隧穿效应,并且在势垒高度一定的情况下,不同能量的入射电子,发生量子隧穿概率也不尽相同,如果设计者调控隧穿概率在理想的50%,那么量子隧穿效应便可以提供一种具有量子力学基础的理论真随机源,如图7-6所示。

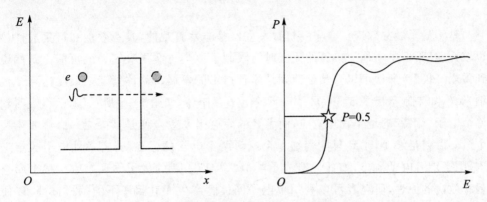

图 7-6　量子隧穿过程原理及隧穿概率曲线

如图7-7所示为较为简约的设计方案:暗室中雪崩二极管作为量子隧穿效应的生成源,利用门脉冲作为调控雪崩触发信号,调制偏置电压到理想的50%隧穿概率。当单个电子的隧穿过程被触发,隧穿将导致雪崩效应放大,从而引发可探测的离散信号,利用信号采集与后处理过程,便可获得量子随机序列。设计人员认识到:暗室中雪崩二极管运行过程信号包括了隧穿效应、热电子和后脉冲(低)三部分内容。其中,隧穿电流又可分为:间接隧穿信号和直接隧穿信号。间接隧穿指载流子通过中间陷阱引入的辅助复合能级隧穿耗尽区势垒,直接隧穿则是载流子直接隧穿耗尽区势垒。热电子噪声顾名思义可利用低温抑制,设计中为集成需要,往往采用

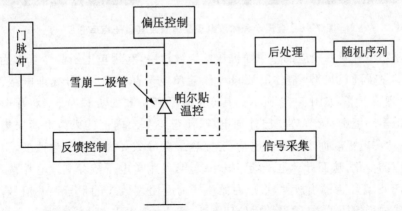

图 7-7　基于量子隧穿效应的量子随机数发生设计

帕尔贴温控实现。另外,后脉冲部有两种抑制手段:一是采用淬灭电路消除后脉冲的雪崩信号;二是调控雪崩二极管极限时间,降低后脉冲发生的概率。

7.2.5　基于库仑阻塞效应的量子随机数

基于量子隧穿效应的量子随机数发生器是非常直观的,其有效性和可集成优势也较为明朗,但是雪崩二极管的死区时间限制了该类方案更高速率的可能。既然说到雪崩二极管,那便可以自然延伸到晶体管技术的发展。晶体管工艺尺度达到个位纳米级,如果制备出了 5 nm 尺寸以下的电子存储岛,如图 7 - 8 所示,那么将观测到单个电子"奇特"的量子物理效应,而著名的库仑阻塞效应便是其中之一。比如当一个金属微粒足够小,小到只能容纳单个或者两个电子的存在,若有额外电子希望进入,则必须有电子溢出,如此便造成了类似"塞车"一般的量子物理效应。基于库仑阻塞效应的原理,研究者可以利用单电子晶体管产生库仑阻塞下的随机振荡,以便形成良好的量子随机熵源。

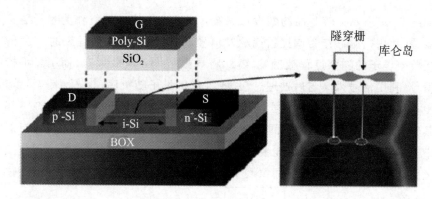

图 7 - 8　金属半导体单电子晶体管及其量子点库仑岛

在基于库仑阻塞效应的量子随机数发生设计中,利用单电子晶体管作为库仑阻塞效应的量子随机熵源,整体简要设计涵盖单电子晶体管、信号处理电路、采集装置、后处理装置等,如图 7 - 9 所示。其产生量子随机数的步骤如下:将单电子晶体管置于恒温环境中;调节势垒层外加电场,使得势垒层内部的束缚电荷聚集在势垒层两侧;两侧电极表面出现屏蔽电荷,非完全屏蔽导致界面势垒发生改变,引起库仑阻塞效应的变化,从而导致电子隧穿概率改变,发生单电子隧穿和库仑振荡现象;设计如 nMOS 管作为输出放大,形成原始基于库仑阻塞效应的量子熵源信号;采用如 D 触发器进行信号采样,并设计后处理方法,把原始数据压缩为符合密码学要求的量子随机序列。

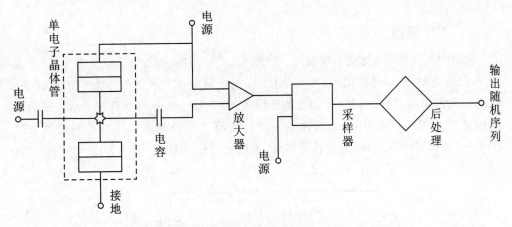

图 7 - 9　基于库仑阻塞效应的量子随机数发生设计

7.3　单光子探测技术

单光子探测技术要求探测器能够对单光子量级的光信号进行响应,是量子通信的重要技术之一。于是单光子探测器便成为量子通信系统接收端的重要组成部分。单光子探测器的作用就是探测携带量子信息的单光子,并转换为电信号输出,然后通过符合测量、计数等手段提取其量子信息或实现量子密钥分发等通信任务。

根据所使用材料的不同,单光子探测技术包括基于光电倍增管的方案、基于硅雪崩二极管的方案、基于铟钾砷雪崩二极管的方案以及基于超导的方案等。单光子探测器的重复频率或最大计数率是影响量子通信系统密钥产生速率的重要因素,而单光子探测器的暗计数率和后脉冲效应则是现阶段影响量子通信系统远传输距离的主要原因。因此,提高探测频率和量子效率,降低暗计数率和后脉冲效应是单光子探测器的主要研究方向[8]。

7.3.1　基于光电倍增管的单光子探测

在光辐射作用下,电子逸出材料表面,产生光电子发射称为外光电效应,或光电子发射效应。光电倍增管是典型的外光电效应探测器件,主要特点是:灵敏度高、响应速度快、噪声小和电流增益高,特别适用于微弱光信号和单光子信号的探测。

1. 工作原理

如图 7-10 所示,光电倍增管是由光电阴极、倍增极、阳极和真空管壳组成[9],图中 K 是光电阴极,D 是倍增极,A 是阳极,U 是极间电压。光入射到光电阴极上,从光阴极激发出的光电子,在 U_1 的加速作用下,打在第一个倍增极 D_1 上,激发出数个二次光电子;在 U_2 作用下,二次光电子又打在第二个倍增极 D_2 上,又引起电子发射……,如此继续下去,电子流迅速倍增,最后被阳极 A 收集。

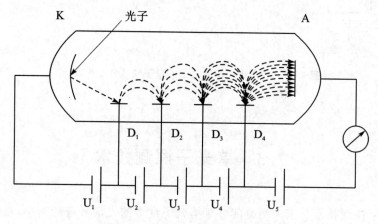

图 7-10 光电倍增过程原理示意图

收集的阳极电子流与阴极的电子流之比就是光电倍增管的放大倍数。光电阴极按光电子的发射方法可分为反射型和透射型两大类。反射型通常是在金属板上形成光电面,光电子同入射光反方向发射。透射型通常是在光学透明平板上形成薄膜状光电面,光电子同入射光同方向发射。

2. 适用范围

光电倍增管的光电阴极把入射光子转换成光电子,其转换效率因入射光波长而异。人们把阴极灵敏度与入射光波长的关系称为光谱灵敏度特性。一般,光谱灵敏度特性用辐射灵敏度(Radiant Sensitivity)和量子效率(Quantum Efficiency)来表示。辐射灵敏度是光照射时的光电发射电流与某一波长的入射光的辐射功率之比。量子效率是从光电阴极发射的光子数与入射光子数的比值。入射光子的能量转交给光电阴极物质的价带电子,得到能量的电子并非都能成为光电子发射出来,而是存在某一随机过程。波长短的光子比波长长的光子能量高,光电子发射的概率也高,因此量子效率的最大值在短波方向。在小于 850 nm 波段,光电倍增管具有较高的量子效率(大于 10%);超过 850 nm,量子效率迅速降低;到 900 nm 时,量子效率降至 1％以下。因此,光电倍增管较适用于小于 850 nm 波段的单光子检测。

7.3.2　基于雪崩二极管的单光子探测

雪崩二极管可利用内光电效应中的光生伏特效应对单光子进行探测。盖革模式下,雪崩二极管发生"自持雪崩倍增",放大倍数可达到 10^6 以上,可以将单光子引起的单个载流子放大到足以被后续电路检测的程度,从而实现单光子探测。

1. 工作原理

在单光子探测中,雪崩二极管工作在盖革模式,即加在雪崩二极管两端的反向偏置电压略高于雪崩电压,使结区产生很强的电场。进而,当光照所激发的光生载流子进入管内 PN 结区后,在强电场中将受到加速而获得足够的能量,在高速运动中与晶格发生碰撞,使晶格中的原子发生电离,产生新的电子-空穴对,这个过程称为碰撞电离。通过碰撞电离产生的电子-空穴对称为二次电子-空穴对。二次产生的电子-空穴对在强电场作用下又被加速,又获得足够能量,再次与晶格碰撞,又产生出更新的电子-空穴对。这种过程不断重复,使 PN 结内载流子迅速增加,电流急剧增大,经外围电子线路提取、放大、整形后进入计数器,从而完成一次单光子探测。

2. 工作范围

(1) 硅雪崩二极管

在 400～1 100 nm 波段,硅雪崩二极管由于具有优越的性能、高可靠性以及低廉的价格而获得了广泛应用。硅雪崩二极管制成的硅单光子探测器非常成熟,已有多款性能可靠的商业化产品:利用拉通型硅雪崩二极管制成的硅单光子探测器,探测效率在 650 nm 可达到 70％,在 830 nm 仍有 50％;利用薄型硅雪崩二极管制成的硅单光子探测器,其探测效率在 630 nm 有 30％,在 830 nm 只有 10％。

(2) 锗雪崩二极管

锗雪崩二极管要实现单光子探测,必须将其冷却至 100 K 以下,工作范围一般为 800～1 300 nm 波段。通常使用液氮将其冷却至 77 K,此时,锗的可探测截止波长移至 1 450 nm,一般,锗雪崩二极管适合探测 1 300 nm 的单光子,不适合探测 1 550 nm 等更大波长的单光子。考虑到以上两点,基于锗雪崩二极管的单光子探测器基本失去了现阶段的研究市场,人们对该类单光子探测器的研究主要限于实验阶段,并没有将其商用化。性能最佳的锗雪崩二极管单光子探测系统对 1 300 nm 的探测效率约为 7%。

（3）铟镓砷雪崩二极管

对 1 550 nm 波长的单光子进行检测，需要用到能隙更窄的三五族化合物，其中铟镓砷的能隙只有 0.73 eV，其截止波长可达到 1 700 nm，是探测 1 550 nm 光的合适的材料，一般探测范围为 900～1 700 nm。因此工艺成熟的铟镓砷雪崩二极管是进行 1 550 nm 单光子探测的理想器件，目前针对铟镓砷单光子探测器的研究也最为丰富，商用程度较高，探测效率从 30%～70%不等。

7.3.3 超导单光子探测

超导单光子探测器是一种新型单光子检测器，兼具有灵敏度高和噪声低的优点，在量子通信等众多领域存在极大潜在应用价值，是目前超导电子学领域的研究热点，其样例关键模块与系统如图 7-11 和图 7-12 所示。

图 7-11 封装后的超导单光子探测器关键模块[10]

1. 工作原理

超导单光子探测器使用能够吸收待测光子的超导材料作为光敏介质。以超导纳米线单光子探测器为例，它将超导纳米线的工作温度设置为略低于超导临界温度。光子被超导纳米线吸收后，光子吸收产生的额外能量将导致吸收点附近局部范围内超导材料温度的上升。如果从超导纳米线的一端注入电流，在另一端测量流经

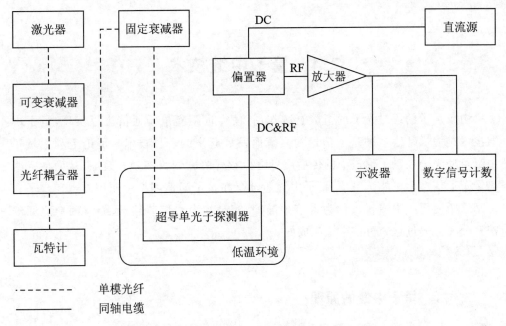

图 7-12　超导单光子探测器测量系统示意图[10]

超导纳米线的电流。在没有光子吸收的情况下,超导纳米线处于超导状态,势必测量到一个较大的电流值;在有光子被吸收的情况下,超导纳米线局部不再处于超导状态,从而导致流经超导纳米线的电流下降。这样,通过监测流经超导纳米线的电流即可实现单光子探测。

2.研究进展

由于超导单光子探测器相比目前多种其他单光子探测器,尤其在红外波段(现阶段主流的通信波长为 1 550 nm),性能优点尤为突出,因此很多国家都相继投入大量资源,推动超导单光子探测器的研究发展。目前,国际上研究超导单光子探测器的研究机构逐年增长,很多国家都在大量投入人力、物力以推进超导单光子探测器的研究进度。这其中最具代表性的研究机构包含:美国的国家航空航天局、国家标准与技术研究院、麻省理工学院,日本的信息通信研究所,国内的南京大学和上海微系统所等。此外,有很多公司已经实现了高性能超导单光子探测器的量产,包括俄罗斯的 Scontel 公司、荷兰的 Single Quantum 公司、美国的 Photon Spot 和 Quantum Opus 公司。

7.4　量子中继技术

由于量子信道对光子的指数衰减作用,使得远距离量子通信难以实现,量子中继技术是为了补偿这种量子信道的衰减而发展起来的一种技术。理论上利用量子中继可使光子在量子信道中的传播质量由指数式衰减变为多项式衰减,从而使远距离量子通信成为可能。目前,量子中继还没有在量子通信网络中使用。现在量子通信网络中使用的中继暂且称为可信中继,其实是一个通信节点,远距离两地之间的密钥分发是通过这个可信中继完成的。

7.4.1　量子中继的原理

量子中继器基于量子纠缠转移原理,可以极大地延伸量子通信的空间距离,使得远距离量子信息传输成为可能。量子中继本身独立于量子密钥分发,它只负责为远端的两个合法通信方分配纠缠光子对,即成功建立两地之间的量子信道。成功完成分发高保真度量子纠缠态的任务后,量子中继器便完成了它们的使命。之后,通信方可以利用建立的量子信道执行相关的量子通信。下面介绍量子中继的 4 个基本步骤[11]:

① 把通信双方 Alice 和 Bob 之间的量子信道(长度为 L)分为 n 段,其中每一段(1~2)的信道纠缠光子衰减都比较小,这使得可以在量子储存器(1 和 2)收到 EPR 光子源成功分发的 EPR 光子。

② 对每一段的两个节点进行量子纠缠态的分发,成功分发后的纠缠态由两个节点的量子存储器储存(如图 7-13 中阿拉伯数字标记),此时这两个量子储存器相互纠缠。需要注意的是:上述纠缠态分发和纠缠态纯化完全是概率性的,如果失败则只能重复该过程直到成功为止。

③ 当每一段都成功建立好纠缠之后,每个中继器上都存在纠缠态,人们在中继器上进行 Bell 基测量,从而实现纠缠转移,可以使非相邻节点的两个量子储存器处于纠缠态。

④ 不断重复上述过程,直到第一个量子储存器和最后一个量子储存器相互纠缠时(图 7-13 中 1 和 $2n+2$),才实现了纠缠态分发。

⑤ 将所得的纠缠态进行量子纯化,提高它的保真度,这样便在 Alice 和 Bob 之

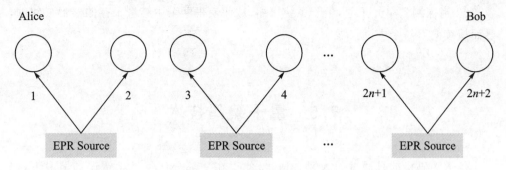

图 7 - 13　量子中继示意图

间成功建立了量子信息传输的信道。

7.4.2　量子中继方案

目前对于量子中继的研究还处于理论与实验研究阶段,主要有 3 种实现方案:DLCZ(Duan-Lukin-Cirac-Zoller)方案、EPR 方案和 Hybrid 方案。DLCZ 方案和 EPR 方案要借助光量子比特,而 Hybrid 方案用相干态光代替线偏振光。在此主要列举 DLCZ 方案。

在 Briegel 等人提出原始的量子中继器原始概念之后,段路明等 4 人提出著名的 DLCZ 方案[12]。此方案是一种基于拉曼散射的量子中继技术。其核心思想在于:在相距长为 L 的两点之间,可以在 $\frac{L}{2}$ 距离处建立量子中继,通过纠缠交换使得 L 两端点互相纠缠。与此同时相距为 $\frac{L}{2}$ 的纠缠态,又可以通过两个相距 $\frac{L}{4}$ 的两个纠缠态通过纠缠交换得到。通过纠缠交换,最终会得到 L 两端的纠缠态。这样可能就会有人疑问了? 为什么不直接分发量子纠缠,何必多此一举呢? 量子科学家通过实验证明,当 L 很长的时候,量子中继方案要比直接分发量子纠缠效率高很多。

DLCZ 方案中由于探测光子数的不同,可分为单光子方案和双光子探测方案。关于其中两个中继之间的纠缠建立,在此简要给出单光子方案进行说明:

① 方案采用量子储存器使用三能级原子系统,包括 $|q_0\rangle$ 基态、$|q_1\rangle$ 稳态和 $|q_e\rangle$ 激发态。选用两个谐振腔作为量子比特。

② 一束单色拉曼激光入射到腔中,原子系统与激光相互作用,经过拉曼跃迁,原子能级从 $|q_0\rangle$ 基态经过 $|q_e\rangle$ 激发态,到达 $|q_1\rangle$ 稳态,获得量子系统的态。

③ 两个相邻的量子储存器经过拉曼跃迁后,剔除掉无光子和两个光子的态。

④ 利用分束器擦除光子路径信息,并进行单光子测量。

⑤ 当探测到单光子时,量子系统塌缩,从而使得两个中继量子存储器形成纠缠,继而持续向下一个中继扩展。

7.5 量子编码技术

信道编码指的是通过引入冗余信息,使得在一部分比特发生错误的情况下,仍有可能按照一定的规则纠正这些错误,以实现无失真地传送和处理信息。区别于经典比特,量子比特可以处于任意叠加态,而且在对量子比特的操作过程中,两态的叠加振幅可以相互干涉,这就是所谓的量子相干性。已经发现,在量子信息论的各个领域,包括量子通信和量子计算等,量子相干性都起着本质性的作用。可以说,量子信息论的所有优越性均来自于量子相干性。但不幸的是,因为环境的影响,量子相干性将不可避免地随时间指数衰减,这就是困扰整个量子信息论的消相干问题。消相干引起量子错误,量子编码的目的就是纠正或防止这些量子错误。

7.5.1 量子编码的问题

虽然量子编码和经典编码的基本想法类似,即要以合适的方式引进信息冗余,以提高信息的抗干扰能力,但量子编码可不是经典编码的简单推广。在量子情况下,编码存在着一些基本困难,表现在如下 3 个方面:

① 在经典编码中,为引入信息冗余,需要将单比特态复制到多比特上去。但在量子力学中,有个著名的量子态不可克隆定理,禁止态的复制。

② 经典编码在纠错时,需要进行测量,以确定错误图样。在量子情况下,测量会引起态塌缩,从而破坏量子相干性。

③ 经典码中的错误只有一种,即 0 和 1 之间的跃迁。而量子错误的自由度要大得多。对于一种确定的输入态,其输出态可以是二维空间中的任意态。因此,量子错误的种类为连续统。

因为这些原因,量子纠错比经典纠错困难得多。事实上,直到 1995 年底至 1996 年,Shor 等人和 Steane 等人才分别独立地提出了最初的两个量子纠错编码方案。量子纠错码通过一些巧妙的措施,克服了上面的 3 个困难,具体如下:

① 为了不违背量子态不可克隆定理,量子编码时,单比特态不是被复制为多比特的直积态,而是编码为一较复杂的纠缠态。对于纯态而言,纠缠态即指不能表示

为直积形式的态。通过编码为纠缠态,既引进了信息冗余,又没有违背量子力学的原理。

② 量子纠错在确定错误图样时,只进行部分测量。通过编码,可以使得不同的量子错误对应于不同的正交空间,部分的量子测量(即只对一些附加量子比特,而不是对全部比特进行测量)使得态投影到某一正交空间。在此正交空间,信息位之间的量子相干性仍被保持,同时测量的结果又给出了量子错误图样。

③ 量子错误的种类可以表示为 3 种基本量子错误(对应于 3 个矩阵 σ_x,σ_y 和 σ_z)的线性组合。只要纠正了这 3 种基本量子错误,所有的量子错误都将得到纠正。

自从发现了最初的两个量子编码方案,各种更高效的量子编码已被相继提出。

7.5.2　量子编码的发展

与经典信息的信源编码和信道编码的理念一样,量子信息理论的研究也包含信源编码和信道编码的研究。量子信源编码依然是考虑去除量子比特列中包含的冗余信息,压缩信息量;量子信道编码也依然是考虑量子比特的冗余,实现量子信息的高可靠性的传输。量子信息自动纠错是量子信道编码体系的主要研究对象,其目的是克服量子信道的噪声对量子信息的干扰,实现量子信息的高可靠性的处理。然而,量子纠错编码的研究直到 20 世纪 90 年代中期以前一直处于混沌未开的状态,由于信息的量子态与环境的相互影响、量子态的连续性、纠缠性以及量子态无法克隆,部分学者认为量子错误更正比数字通信纠错更为困难。

1995 年,量子纠错编码的研究露出第一道希望的曙光,Shor 以及英国牛津大学学者 Steane[13] 在物理层面上,把复杂的纠缠态错误归结和简化为只需要考虑每个量子位上独立发生的错误,并且错误的类型只有 3 种:比特翻转错误、相位翻转错误和比特翻转加相位翻转错误,抽象成 3 个 Pauli 矩阵 σ_x,σ_y 和 σ_z。基于这种物理模型的简化,将量子状态代码化,通过增加冗余赋予代码对错误纠正的能力,构造出世界上第一个量子纠错码,随后不久人们又把它进行了改进。

1996 年,由 Calderbank 与 Shor 二人小组[14] 以及 Steane 几乎同时运用纠缠现象的量子纠错编码方案,以经典线性纠错编码的原理为基础,设计出理论上简单可行的量子纠错编码。以后为了纪念他们原创性的工作,将所发现的量子纠错码简称为"CSS 码"。至此运用量子纠缠来更正错误的概念广泛地被学术界所接受,世界各地的研究人员相继提出各种类型的量子纠错编码,迎来了 20 世纪 90 年代的量子信息错误更正编码研究的黄金时代,出现了量子纠错、量子避错、量子防错的量子纠错编码体系,其中最广为人知的是稳定码。1999 年以来,人们不仅利用各种经典纠错码得到一批纠错性能不断改善的量子编码,而且开展了关于量子码性能的其他课题的研究,明确了经典纠错编码与量子纠错编码在代数性构造上的不同,指出了量子纠错编码的研究方向。

7.6 注 记

量子通信的发展离不开关键技术的支撑,本章涵盖了量子通信发展中主要的量子光源产生、量子随机数发生、量子中继、单光子探测和量子编码等关键技术,具体分析了各关键技术的技术需要,对主要技术方案进行了简要阐述。具体来讲:量子光源的制备主要面临单光子和纠缠光子的制备困难,从一定程度上造成了量子通信的安全性和实用性困难;量子随机数发生技术的方案丰富,但要覆盖高随机数产生速率、安全性、稳定性和集成性等需求,仍然需要从随机源构建和采集处理手段进行突破;单光子探测技术仍存在探测效率偏低,新型超导单光子探测器仍需解决集成性和稳定性等问题;量子中继仍然是限制量子通信长距离实用化的主要因素,迫切需要进行技术攻关;量子编码,尤其是纠错码的研究,良好结合了经典编码的优势,在未来量子通信和量子计算的应用研究中需要发掘更多实用化设计。

参考文献

[1] Hong C K, Ou Z Y, Mandel L. Measurement of subpicosecond time intervals between two photons by interference [J]. Physical Review Letters,1987,59 (18):2044-2046.

[2] 段兆晨,李金朋,何玉明. 单光子源及在量子信息领域的应用[J]. 低温物理学报,2018,40(5):1-16.

[3] WANG X L,CAI X D,SU Z E,et al. Quantum teleportation of multiple degrees of freedom of a single photon[J]. Natrue,2015,518(7540):516.

[4] Friedman. Geiger Counter Tubers [J]. Proceedings of the Institute of Radio Engineers,1949,37 (7):791-808.

[5] Rarity,Owens,Tapster. Quantum Random-number Generation and Key Sharing [J]. Journal of Modem Optics,1994,41(12):2435-2444.

［6］Ramon B G，Ibrahim E B，et al. Extracting random numbers from quantum tunnelling through a single diode ［J］. Scientific Reports，2017，7(1)：17879.

［7］Bierhorst P，Knill E，Glancy S，et al. Experimentally generated randomness certified by the impossibility of superluminal signals［J］. Nature，2018，556 (7700)：223-226.

［8］刘云. 红外单光子探测器的研制［D］. 合肥：中国科学技术大学，2007.

［9］Toshikazu Hakamata，et al. Photomultiplier tubes basics and applications ［R］. Hamamatsu Photonics K. K，2006.

［10］张蜡宝，康琳，陈健，等. 超导纳米线单光子探测器研究新进展［J］. 南京大学学报(自然科学版)，2014(50)：254-261.

［11］石韬. 量子中继中效率问题的研究［D］. 杭州：浙江大学，2018.

［12］Duan L M，Lukin M D，Cirac J I，et al. Long-distance quantum communication with atomic ensembles and linear optics ［J］. Nature，2001，414(6862)：413-418.

［13］Steane A M. Simple quantum error-correcting codes ［J］. Physical Review A，1996，54(6)：4741-4751.

［14］Calderbank A R，et al. Good quantum error-correcting codes exist ［J］. Physical Review A，1996，54(2)：1098-1105.

第 8 章　量子通信中的安全问题

　　安全性是量子通信立足的根本,在实用量子通信系统中实现理论设计的安全性,是量子通信实用化研究的重中之重。量子通信实用安全与理论安全之间存在差别的主要原因是:实用量子通信系统中采用的器件存在多种直接或间接不满足理论模型要求的非理想特性,这些非理想特性有可能导致器件响应上的误差、侧信道信息的泄露,甚至设备被远程操控,从而使量子通信系统的安全性出现漏洞。窃听者利用这些漏洞可以在引入低于理论容限的误码率的情况下获取部分甚至全部的信息,其攻击行为难以被合法通信双方检测。本章综述了量子通信系统部分主要安全性研究内容,分别讨论了光源、有源光学器件、无源光学器件以及单光子探测器等实用器件的非理想特性对系统安全性带来的影响,并对诸如波长攻击和防御手段做出相应介绍和分析。

8.1　侧信道攻击诱发的安全性研究

　　Paul Kocher 于 1996 年首次提出了计时攻击的思想,并发表了相关的研究成果。此后,侧信道攻击(Side-Channel Attack)及防御对策研究便成为了密码学研究中的一个重要分支,受到学术界及产业界的广泛关注。实际量子通信系统的量子态制备和测量也同样存在侧信道的问题。比如:若量子态存在于一个维度比原先假定要高的希尔伯特空间中,额外的侧信道维度可能使得原本不可区分的两个非正交量子态变得可分。Bennett 和 Brassard 在回忆他们制作的世界上首个量子密钥分发实验装置[1]时曾说:这个装置只有对聋人是安全的。这是因为庞大的装置在制备不同偏振态时会发出不一样的声音,于是从机器的声音就能分辨出 Alice 制备的量子态。

　　原始的量子通信协议设计里对量子态的制备和测量做出了一定的假设,但在实际应用过程中光学器件的特性与这些假设有些许不相吻合的地方,必须要建立新的模型对这些原始协议中没有考虑到的情况加以分析。研究侧信道对量子通信系统安全性影响的方向一般可分为两种：第一种是将当前量子通信系统中器件的非理想特性全部罗列出来，尽可能多地寻找当中有机会被利用的安全性漏洞及潜在攻击手段，并对这些漏洞加以填补；第二种是把一部分或全部的器件看作是黑盒子，对其工作原理不作限制，纯粹通过输入和输出结果判定是否存在窃听。从第一个研究方向发展出了量子通信系统的实际安全性分析(Practical Security Analysis)，第二个研究方向则引导出了设备无关量子通信的理论与实验研究。

两种方法各有利弊：系统实际安全性的研究实质上是在已有的技术基础上，对量子通信系统逐步地修正和完善。通过"寻找系统漏洞"到"填补漏洞"，再到"寻找新漏洞"，这样一种循环，可以使量子通信系统逐渐达到标准协议所提出的要求，同时又保持其效率、传输距离和实用性上的优势。量子通信技术毕竟是一项实用的保密通信技术，离开实用性就失去了它最初的价值；设备无关的量子通信最重要的优点是它具备安全性自检测能力。使用者无需信任设备制造商，也不需要对系统内部构造有任何了解，可完全通过实验的输入和输出来判断系统安全性。然而实际研究得出[2]：以现代的技术而言，设备无关协议的实现仍面临不少技术壁垒，有太多无法克服的困难。如该类方案对总探测效率(包括信道效率和探测器效率)的要求较高，系统成码率却极低，目前距离实用需求仍较远。

基于这样的考虑，现阶段的工作主要依循第一种研究方法，即通过研究器件安全性漏洞及潜在攻击手段来考察量子通信系统的实际安全性；第二种方法是舍弃"量子设备可信"假设，改造量子通信协议，设计出设备无关或部分设备无关方案，完全或部分地消除侧信道的影响。考虑到设备无关类协议与标准协议相比实现难度较大，短时间内无法到达可以实际应用的水平，因此现阶段研究如何防堵已有量子通信系统的侧信道漏洞更具现实意义，姑且如是认为。

8.2　实用量子通信器件安全性分析概述

工欲善其事，必先利其器。要研究量子通信的系统安全性，必须要对常用光学器件的非理想特性有一个较为全面的认识。下面将从光源、有源器件、无源器件和探测器等方面讨论量子通信系统中的器件非理想特性以及相关的侧信道攻击[3]。

8.2.1 光源安全问题

出于经济和效率的考虑,实际量子通信系统一般会把相干光源作为近似的单光子源、连续光源来使用。相干光源存在着多光子态、光强涨落和非可信光子数分布等问题,这些都是原始量子通信相关协议里所未考虑到的。

1. 多光子态带来的问题

对一个弱相干态,多光子态的出现是不可避免的。然而多光子态不满足诸如 BB84 等协议对于"信息载体不可再分"的需求,故而窃听者可以采取光子数分离 (Photon-Number Splitting,PNS)的方法在不引入额外误码的情况下取得密钥信息。为了应付多光子的情况,Hwang 等人[4]提出可以通过调制出无穷多种振幅的相干态,以概率统计的方法精确计算出由单光子态造成响应的比例,这些响应可以看作是在 PNS 攻击下安全的。这个思想随后被 Lo 等人简化为适合实际操作的诱骗态方法(Decoy State Method),并从理论上严格证明了其安全性,促使诱骗态 BB84 成为当今最流行的量子密钥分发系统实现方案[5]。

2. 光强涨落带来的问题

进一步,使用诱骗态方法进行的安全成码率计算时,一个前提假设是信号态和诱骗态的振幅都是稳定可控的。然而要面对的事实是:由于光源输出的光强存在随机涨落以及调制设备不完善等因素,实际发送出去的光振幅与期望值之间会有不可预知的偏差,从而导致成码率的计算出现误差。如果光强涨落超过了一定范围,量子密钥分发系统将会因为成码率估算的理论值和实际值之间误差过大而被迫中止运行。为解决这一问题,Wang 等人分析了光强涨落对量子通信系统实际安全性的影响,提出了一个描述光强涨落的方案。其研究表明:光强的涨落可以等效为光强调制误差,即使调制误差较大,诱骗态方法仍能保证量子通信协议的无条件安全,并维持较高的成码率。相关实验表明,结合诱骗态方法和主动光强监控能有效地降低光强涨落造成的不利影响。此外,使用下参量转换标记单光子源的量子通信系统同样存在光强涨落的问题,但影响会比直接使用弱相干光源的系统要小得多。光强涨落同样会影响连续量子通信系统的安全:如果不对本振光的光强的实时变化进行监控,窃听者可以通过操控本振光光强来隐藏其窃听行为。

3. 非可信光源带来的问题

在"plug&play"式量子通信系统[6]的设计中,Bob 将强光发送给 Alice,Alice 对之进行调制并减弱为单光子量级光强后再返回 Bob。当中,信号光在信道中的往返传递完全可由窃听者 Eve 操控。到达 Alice 端的光子数的分布可被窃听者篡改,这个过程等价于 Bob 采用了非可信的光源。在理论和实验上已经证明:通过实时主动地监控光源光子数分布能够保证使用不可信光源的量子通信系统维持无条件安全,且成码率对比可信光源系统无明显降低。相比主动监控,有分析认为被动监控可能更符合实际应用的需要:被动监控方法主要有平均光子数监控、光子数分析和光子数分布监控三种,当信道信噪比不太低的时候,使用被动光子数分析不失为解决不可信光源问题的一个较易实现且高效的办法。

4. 多激光器带来的问题

在一些诸如 BB84 协议的实现方案中为了简化调制步骤,Alice 会采用多台激光器来制备偏振态。然而即使是相同型号的激光器,也总会存在微小的差别,不同型号激光器所产生的激光光谱更不能保证完全相同[7]。依靠这些细微的差别,窃听者可以通过光频谱分析辨别出信道中传播的光子由哪一台激光器发出,进而可以掌握 Alice 的选基信息,进而给窃听者泄露更多信息量。

8.2.2 有源光学器件安全问题

在实际量子通信系统中,常用的有源光学器件包括相位调制器(Phase Modulator)、光强调制器(Intensity Modulator)等。其中,相位调制器主要在相位编码量子通信系统中用作编解码调制,以及在诱骗态量子通信方案里对弱相干态进行相位随机化调制;光强控制器则主要用于制备信号态,或将从激光器输出的连续光调制成脉冲光。下面将讨论相位调制器、光强调制器的非理想特性对量子通信系统安全性的影响。

1. 相位调制器带来的问题

相位调制器通过控制加载电压的大小来给输入光增加所需的相位,其自身使用特点给量子通信系统带来以下问题:

电压提升或下降到某个值需要一段时间,这段时间被称为上升沿或下降沿。如果光进入调制器的时间,恰好处在加载电压的上升沿和下降沿,那么实际上调制器对光相位的调制会达不到预期的幅度。利用这一点,窃听者可以人为地提前或延迟光脉冲到达的时间,对"plug&play"和 Sagnac 系统实行相位重映射攻击(Phase-Remapping Attack),在只引入较低误码率的情况下获取到全部密钥信息。

当相位调制器的调制范围不能覆盖[0,2π]的范围时,有可能使诱骗态协议中的相位随机化不完全,对安全性带来危害。针对这一点,有学者提出了不完全随机化相位攻击(Partially Random Phase Attack)。对一个使用诱骗态协议但相位未能完全随机化的"plug&play"系统,窃听者通过零拍探测的方法有机会获取到从 Alice 返回的调制信息。在中短传输距离情况下,不完全随机化相位攻击引入的误码率低于阈值,能有效躲避监测。

关于相位调制器,还需要注意衰减和调制偏差。在相位编码的 BB84 协议系统中,Alice 和 Bob 均需用相位调制器做相位调制,然而他们所使用的调制器未必有完全相同的特性。两边使用相位调制器的衰减不一样的情况,在传统的安全性分析中并未考虑。当然,可以在衰减较小的一侧添加额外的衰减来达到平衡,但这样做会降低成码率。有学者通过将一种构造的虚拟光源替代实际应用的光源,给出了一种新的安全性证明方法,得到较优的密钥率生成公式,文献[8]使用另一套办法得到了相似的结论。最后,由于偏置电压漂移等因素,相位调制偏差也是不可避免的。文献[9]分析了这种偏差带来的影响,由于窃听者不能控制该部分误差,因此调制偏差降低合法通信双方信息量的同时,也降低了窃听者能够获取到的信息量。

2. 光强调制器带来的问题

与相位调制器类似,在光强调制器上加载不同的电压可以对输入的光强进行不同程度的衰减。光强调制器所能提供的最大光强透过率与最小光强透过率之比,称为它的消光比(Extinction Ratio)。理想光强调制器提供的最小光强透过率应该为零,即消光比为无穷大,然而实际中光强调制器的消光比一般在 25 dB 左右。在一些利用 BB84 协议的量子通信系统方案里,为了提高效率,Alice 会同时制备所需的 4 种态,然后通过光强调制器消去其中 3 种,剩下被选中的作为信号态发送给 Bob。由于光强调制器消光比有限,本应被消去的 3 种态会有一定残留的光强附加在信号态中,构成本底噪声。因为本底噪声无法被控制或根除,所以窃听者或能通过它来获取到任何有用的信息,但人们可以在计算保密放大过程中损失的信息量时,剔除这部分由本底噪声造成的误码率。

8.2.3　无源光学器件安全问题

在全光纤量子通信系统中,经常会用到的无源光学器件有:光纤分束器(Fiber Beam Splitter,FBS)、法拉第镜(Faraday Mirror,FM)、环行器(Circulator)和波分复用器(Wavelength Division Multiplexer,WDM)等。下面讨论法拉第反射镜和光纤分束器的非理想性对量子通信系统安全性的影响。

1. 法拉第反射镜带来的问题

在"plug&play"系统中,信号光在光纤信道中往返传递。由于光纤的双折射效应,沿光纤截面上某两个垂直方向的偏振光会感受到不同的色散效应。通过法拉第反射镜的作用,可以使返回信号光的偏振方向改变90°,从而补偿双折射效应造成的影响。理想的法拉第反射镜使出射偏振相对于入射偏振旋转90°,而实际器件一般存在偏差,这一偏差将使描述折返信号光的希尔伯特空间维度从2维变成3维,而额外的维度使窃听者能从中提取更多信息,而在截取重发攻击中引入的误码率将小于最大阈值;结合相位重映射攻击,窃听者能将误码率进一步减小,低于相应量子通信协议在联合攻击下的误码率容限。因此,在分析实际系统安全性时,必须考虑法拉第反射镜的非理想特性,对密钥率公式做出修正。

2. 光纤分束器带来的问题

几乎所有的光纤量子通信系统设计中都会用到光纤分束器,尤其以溶融拉锥型光纤分束器的应用最为广泛。在对以往的量子通信系统实际安全性分析里,分束器的分束比是被看作是固定不变的。但是理论计算和实验测试表明,溶融拉锥型光纤分束器的分束比是会随输入光波长不同而发生改变的。以50:50分束器为例,虽然在设定的工作波长(1 310 nm 或 1 550 nm)上分束比特性十分理想,但是当输入光波长发生偏离时,分束比大小也随之发生变化。学者通过研究这一非理想特性对被动偏振编码的BB84协议系统所造成的影响,提出了一种波长攻击方案,窃听者可以通过发送不同波长的伪造态来控制Bob的测量基选择,从而迫使Bob得到与窃听者相同的选基和响应结果。验证实验表明窃听者能够在增加极少量额外噪声(约0.1%)的情况下得到全部的密钥信息。另外分束器的波长特性漏洞还可以被利用于攻击连续变量系统。

8.2.4　探测器安全问题

在离散变量量子通信协议中,使用单光子探测器作为主要测量手段,而连续变量协议一般采用平衡零拍探测器或外差分探测器进行测量。这两种探测器各自存在不同的实际安全性漏洞,下面分别进行讨论。

1．单光子探测器带来的问题

在光纤量子密钥分发系统中,通常使用工作在 1 550 nm 波段的超导单光子探测器或是基于铟镓砷雪崩二极管(APD)的红外单光子探测器。相比之下,后者对工作环境要求较低,有重复率高、结构简单和使用方便等优点,因此在实际系统中已被广泛使用。目前已发现铟镓砷雪崩二极管单光子探测器的漏洞包括:探测效率不匹配、强光致盲和死时间设置等。针对这些漏洞,研究者们提出了时移攻击(Time-Shift Attack)、强光致盲攻击(Light Blinding Attack),以及死时间攻击(Dead Time Attack)等有效攻击手段。

(1) 时移攻击

使用铟镓砷雪崩二极管单光子探测器时,需加载偏置电压。当加载电压小于门限值时,探测器工作在线性模式(Linear Mode)下,此时探测器输出电流大小与输入光强成正比;当加载电压超过门限值时,探测器进入盖革模式(Geiger Mode),只要有极弱(单光子能量量级)的光到来就能引发雪崩电流,当累计电流超越阈值时就会生成触发信号。为了降低暗计数率(Dark Count Rate),不能让探测器始终处于盖革模式,一般会采用门控电压的方法,每个周期只在很短的一段时间内(一般是数个 ns)加载高于门限值的开门电压,加载开门电压时机由探测器特设的时钟控制。由于抖动(Jitter)现象的存在,即使由相同的时钟触发,不同探测器的开门时刻总会存在细微的差别,而且电压的上升和下降可导致在某些时刻两个探测器的探测效率产生差别,如图 8 - 1 所示。如果光脉冲在这些时刻到达探测器,则这种效率上的不匹配将成为系统的安全漏洞。简单来说,窃听者 Eve 根本不需要对信号做截取测量,只需控制信号光到达探测器的时间,导致探测器发生响应,Eve 就能以极大概率知道 Bob 的探测结果(因为其中一个探测器响应的概率很低)[10]。

(2) 强光致盲攻击

一般的商用单光子探测器两端的偏置电压只略低于门限值,就足以使探测器进入盖革模式工作。然而,当有强光照射探测器时,激发出的微弱电流穿过负载电阻,

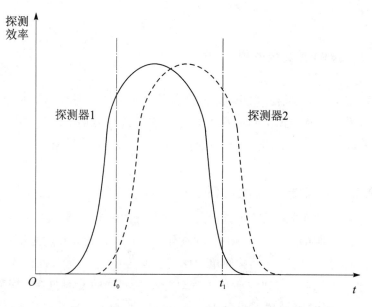

图 8-1　雪崩二极管单光子探测器的探测效率

使探测器两端的偏置电压会有所降低,原有开门电压变得不足以令探测器进入盖革模式,无法触发响应,从而构成强光致盲攻击。Eve 会根据自己的测量结果给 Bob 发送处于某个状态(如 0°偏振)的强光,其光强使线性模式下的 APD 产生略高于触发阈值的电流量。若 Bob 的选基与 Eve 相同,则他会得到与 Eve 一样的测量结果;若 Bob 选基与 Eve 不同,则光会平均分流到两个探测器上,所产生的电流值低于阈值,因而不会产生触发,被 Bob 当作是一次(因探测效率低造成的)不成功测量而直接忽略。Yuan 等人曾对这种攻击的真实危害性表示质疑,认为只要适当调整负载电阻和添加强光检测就能有效避免强光致盲攻击。然而,Makamov 等人最近的一项工作却显示,在 1.5 W 以上功率的强光照射下,探测器材料会遭受永久性的破坏,其结果是探测器将永远工作在线性模式下,即使不再有强光照射。

(3) 死时间设置攻击

由于雪崩二极管单光子探测器中存在固有的分子结构缺陷,导致每次触发雪崩电流后都会有载流子被捕获,并以一定概率在往后的某时刻被释放,从而触发虚假响应,这种现象被称为后脉冲效应(After-Pulse Effect)。为了降低后脉冲效应带来的误码,探测器会在每次响应后设置一段时间,在该时间段内的响应不做记录,被称为死时间(Dead Time)。文献[11]指出:死时间的设置会被窃听者利用发动死时间攻击。以偏振编码为例,假设 Eve 在 Alice 发往 Bob 的光脉冲前插入一个 90°偏振强光,这个强光会到达 Bob 的 90°、45°和 135°三个探测器,并使这三个探测器发生响应。因为响应发生在 Alice 的信号光到达之前,所以 Bob 不会对它们进行记录;然而,探测器响应后会自动进入死时间,因此即使随后到达的 Alice 信号光触发了三个探测器中的一个,这个结果也不会被记录。结果,只有 0°探测器的触发会被记录,因此只要 Bob 宣布响应有效,Eve 就能确定响应的结果是什么。

2. 平衡零拍探测器带来的问题

多光子连续变量量子通信系统中的测量使用强光探测器,因而对于大多针对单光子探测器漏洞的攻击天然免疫。然而,平衡零拍测量需要有一个较强的本振光参与干涉,以放大待测信号。为了发生干涉,这个本振光需要与信号光有相同的偏振、频率以及初始相位,于是异地制备合适本振光相当困难。一般的连续变量量子密钥分发系统中会由 Alice 用分束器从一个光脉冲中产生出信号光和本振光,再将两束光信号一同发送给 Bob。Haseler 等人的研究表明:Eve 截取 Alice 发出的信号后,只要将本来是强光的本振光替换成弱光,就可以有办法降低 Bob 测量结果中的额外噪声,从而躲过检测。人们曾认为只要对本振光进行实时的光强检测,就足以填补连续变量量子密钥分发系统探测端的漏洞。遗憾的是,随后的研究发现平衡零拍探测还存在其他的侧信道漏洞。平衡零拍探测器作为一个整体,包含了分束器、光探测器、差分电路等组成部件,每种部件的非理想特性都有可能构成安全隐患。目前已提出的针对平衡零拍探测端的攻击方案有:波长攻击(Wavelength Attack)、校准攻击(Calibration Attack)和饱和攻击(Saturation Attack)等。

(1) 波长攻击

与前述离散单光子量子通信波长攻击相似,有学者利用光纤分束器分束比的波长特性,针对连续变量量子密钥分发系统提出波长攻击,然而思路与针对 BB84 系统的波长攻击完全不同。Eve 在实施攻击的过程中,会造成在探测器前分束器处会合的两个光脉冲拥有不同的波长,相互之间不发生干涉,从而完全改变了零拍探测器的工作方式;Bob 得到的只是一个"合理"的输出结果,却非由平衡零拍探测原理所产生。

(2) 校准攻击

在连续变量量子密钥分发系统的设计方案里,从 Alice 发出的本振光还有一个重要功能,就是作为同步信号光使用。监测本振光光强的探测器同时为探测器产生同步信号,以得到记录数据的最佳时机。因为当每次光电转换完毕后,探测器输出的瞬间电流(或电压)会随着电容器的放电过程从峰值指数滑落,同步信号为计算机记录下电流(电压)峰值的时间提供了参考。Jouguet 等人提出,只要简单地改变本振光脉冲的形状(比如,把能量集中在后半周期),就能延迟同步信号的输出。因为电容器放电的过程只有 100 多纳秒,而且呈指数衰减,适当地调整延迟可以使记录到的结果减小至任意比例。在连续变量量子密钥分发的平衡零拍探测中,输出差分电流值与待测结果之间存在线性关系,待测结果中包含信号和噪声,两者同时降低:信号的降低能被合理地解释为信道衰减造成,而 Bob 估算出来的额外噪声量却因此减小了。

(3) 饱和攻击

该类攻击所利用的漏洞存在于记录探测器输出数据的装置。Qin 等人发现,由于记录输出数据的缓存空间有限,所能记录的数值大小存在上限,高出阈值的结果一律显示为该阈值。在理想情况下,零拍探测中的两个探测器效率应完全相同,因此当输入光强相同时,两个探测器应有大致相同的输出,然而实际上这是很难办到的。由于探测器效率存在偏差,即使输入光强相等,最后输出的差分结果也可能不为零,在比较糟糕的情况下,这个偏置值会很大,造成的结果是原本均值应该为零的输出结果有了一个不为零的均值。在正常情况下只要在全部所得结果中减去该偏置值即可;然而当记录结果存在一个上限值时,因为超出阈值的数据无法记录,所以最终数据的统计结果将发生改变。系统的额外噪声和信道衰减等重要参数均通过输出数据的均方差矩阵(Covariance Matrix)给定,而不准确的统计结果会给出错误的估算。正是利用了这一点,Eve 可以在不被发现的情况下窃取到全部的密钥信息。

8.3　波长攻击

截取-重发攻击(Intercept – Resend Attack)是经典密码学研究里面最简单和常见的攻击手段。攻击者首先截取从 Alice 发送来的信号进行测量,保存测量结果之后,再制备出与其测量结果相同的信号发送给 Bob。这种简单攻击理论上应该对BB84 协议完全无效,因为任何企图获取量子态信息的操作(即使是弱测量)都会对信号态产生干扰,最后造成 Bob 的测量结果产生(比正常水平高的)误差。但分束器给了此类攻击生存空间:因为波长攻击本质上也是一种截取-重发攻击,不同之处在于其利用了实际器件波长相关性漏洞。

8.3.1　波长攻击原理

被动偏振编码 BB84 系统原理图如图 8 – 2 所示。Alice 随机选用 0°/90°偏振或+45°/135°偏振来编码比特 0/1。激光器产生的光脉冲,经过两层级联的光纤分束器和光强调制器后,将生成 4 种不同的偏振量子态。Alice 在需要发送的偏振态路径上加载正电压,使光子得以通过;在其他各路加载负电压,使光路截断。光脉冲随后被衰减器减弱至单光子量级,再经过相位随机化(图 8-2 中未画出)后进入光纤信道发送给 Bob。在接收端,接收到光信号的 Bob 使用 50∶50 的分束器来随机选基。这样做的好处是省去了选基的调制步骤,使选基的重复频率不受有源光学器件的性能限制,效率得以提升。在理想情况下,经过 50∶50 分束器的光子会有 50% 概率进入上方路径,这时 Bob 使用 0°/90° 基进行测量;当光子以 50% 概率进入下方路径时,Bob 使用 +45°/135° 基进行测量。此时 50∶50 光纤分束器拥有良好的随机选基功能[13]。

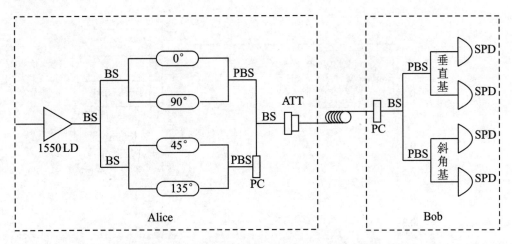

BS—分束器;PBS—偏振分束器;PC—偏振控制器;SPD—单光子探测器

图 8-2　被动偏振编码 BB84 系统原理图[13]

然而,在针对波长的攻击中,窃听者可以控制测量基的选择,给保密通信带来巨大安全隐患。分束器的制作过程有多种,其中比较常用的是熔融拉锥(Fused Biconical Taper,FBT)技术,可以将分束器通过耦合光纤来实现,拉伸长度和耦合率之间的关系满足:

$$r = F^2 \sin^2\left(\frac{kw}{F}\right) \tag{8-1}$$

式中:r 为耦合率;F^2 为所用材料的最大耦合率;k 为耦合系数;w 为材料拉伸长度。波长和耦合率的关系体现在耦合系数 k 上,即

$$k = \frac{(2V)^{1/2} U^2 K_0 Wd/r'}{r' V^3 K_1^2 W} \tag{8-2}$$

式中:r' 为所用光纤半径;d 为被耦合的两条光纤之间中心距;V 为光纤剖面的高度系数;W 为光纤的纤芯;U 为包层系数;K_0 为零阶修正第二类贝塞尔系数;K_1 为一阶修正第二类贝塞尔系数。

通过上面两式可以得出波长和耦合率的关系,如图 8-3 所示。如果进入接收端的光子波长不是 1 550 nm,那么该量子密钥分发系统的安全情况就会完全不同。从式(8-1)可知,必然存在某个波长 λ_1,对应分束器的耦合比 $r_1 > 0.5$;同样的,有某个波长 λ_2,对应分束器的耦合比 $r_2 < 0.5$;当这两种波长的光子进入接收端时,Bob 的选基概率的均衡性将被打破。利用这个特性,Eve 可做如下操作:首先截取 Alice 发送出来的光子,然后随机选择一组测量基。如果选择了$(|\leftrightarrow\rangle,|\updownarrow\rangle)$基测量,则根据测量结果制备 λ_1 波长下的$|\leftrightarrow\rangle$偏振态或$|\updownarrow\rangle$偏振态;同理,若选择了$(|\nearrow\rangle,|\searrow\rangle)$基测量,则根据测量结果制备 λ_2 波长下的$|\nearrow\rangle$偏振态或$|\searrow\rangle$偏振态。这样,Eve 能够以较大的概率迫使 Bob 端被动选择与自己相同的测量基。

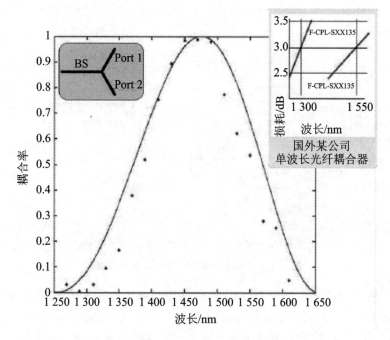

图 8-3   波长与分束器耦合率的相关关系曲线[13]

按照概率分布,可以计算在波长攻击下的误码率为

$$\mathrm{QBER} = \frac{1}{4}\left[\frac{1-r_1}{2-(r_1+r_2)} + \frac{r_2}{r_1+r_2}\right] \tag{8-3}$$

在理想的 BB84 协议里,当 Eve 进行截取-重发攻击时,Bob 有 50% 的概率选择与他不同的测量基,从而引入 25% 的误码。从式(8-3)可知,只要有 $r_1 > 0.5$、$r_2 < 0.5$,则误码率必然小于 25%。更进一步,如果能够找到 r_1 和 r_2,使得 r_1 趋近于 1,而 r_2 趋近于 0,则误码率就趋近于 0。此时系统合法代理将无法侦测出 Eve 的存在与否,但系统所产生的密钥实际上已尽数被 Eve 所掌握。

8.3.2　BB84 系统波长攻击实验分析

利用分束器的波长特性,给出针对被动偏振编码 BB84 系统的波长攻击方案,如图 8-4 所示。

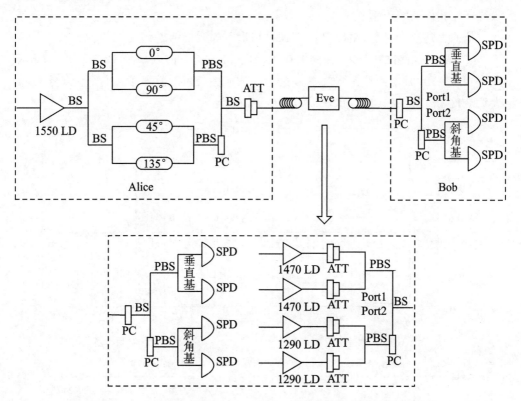

图 8-4　针对被动偏振编码 BB84 协议系统的波长攻击方案原理图[13]

Eve 首先对 Alice 发出的信号态进行截取、测量。若选用垂直偏振基($|↔\rangle$,$|↕\rangle$),测得结果为 0(1),则用 1 470 nm 波长的激光器制备$|↔\rangle$($|↕\rangle$);同样的,若选用了对角偏振基($|↗\rangle$,$|↘\rangle$),测得结果为 0(1),则用 1 290 nm 波长激光器制备$|↗\rangle$($|↘\rangle$)。

下面以 Alice 发送态$|↔\rangle$为例作说明:

① Eve 以 50% 的概率选择在垂直偏振基下测量,得到正确的测量结果,再以 1 470 nm 激光器制备态$|↔\rangle$发送给 Bob。波长 1 470 nm 的光子到达选基分束器后几乎全部从端口 1 输出。在实验中,Bob 以 98.6% 的概率在($|↔\rangle$,$|↕\rangle$)基下测得结果$|↔\rangle$。

② Eve 以 50% 的概率选用对角基进行测量,然后将测量到的态以 1 290 nm 波长激光器制备发送给 Bob。Bob 接收后,将以 99.7% 的概率在对角基下探测该量子态。由于他选用的测量基与 Alice 的制备基不同,因此这次的测量结果将不被保留。

需要指出的是,若实验中所使用单光子探测器的探测效率是与波长相关的,则实际测得在 1 550 nm、1 470 nm、1 290 nm 下的效率分别为 12.1%、10.7%、5.0%。为补偿效率上的差异,需要对 1 470 nm 和 1 290 nm 的光进行不同程度的光强衰减,最终产生相同的响应率。

依照上述攻击过程,给出 Bob 在两种情形下的测量结果:

① 没有窃听者的情形。探测器在 1 550 nm 波长下的效率为 12.1%,但信道衰减为 10.79 dB 时得到总探测效率为 1%,在实验中,Alice 发送了 10^6 个量子态,Bob 大约获得 10^4 个探测结果,其分布如图 8-5 所示。

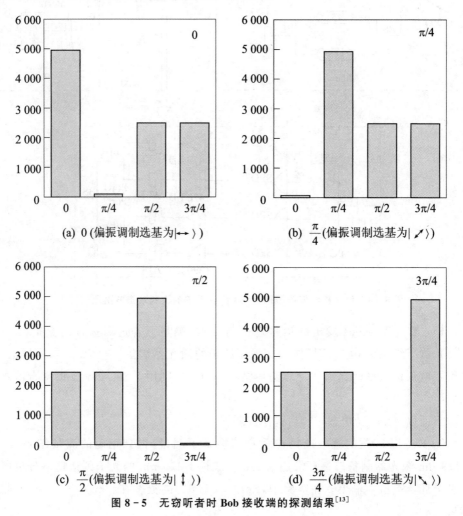

图 8-5　无窃听者时 Bob 接收端的探测结果[13]

② 存在窃听者进行波长攻击。此时,Eve 潜伏于 Alice 的发送出口,截取信号并采用与 Bob 类似的探测系统进行测量,再制备相应的态发送给 Bob。因信号态进入信道即被捕获,故 Alice – Eve 之间并无衰减;又因已假设 Eve 可以在不违反物理规律前提下实现任何技术,因此她能把光纤替换成无衰减信道,故 Eve、Bob 之间也无衰减。本来 Eve 的探测器是可以假设有 100% 的探测效率,但实验采用了与 Bob 端性能相同的探测器。实验中,Eve 共给 Bob 发送了 5×10^3 个量子态(每脉冲平均含 2 光子,以提高 Bob 的探测效率),对应 1 470 nm 与 1 290 nm 波长的 Eve – Bob 信道衰减为 3.3 dB 与 0 dB(补偿探测效率差异)。Bob 大约也可得到 5×10^3 个有效结果,其分布如图 8 – 6 所示。从结果可以看到,Eve 完全掌握 Bob 的测量结果,而 Alice 与 Bob 之间的误码率仅从 1.3% 增加到了 1.4%,远低于告警阈值,Eve 的窃听行为不

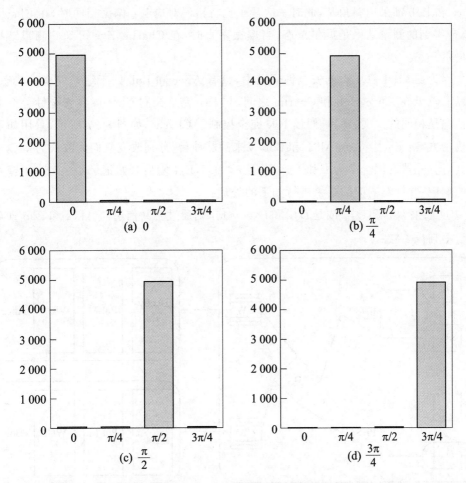

图 8 – 6   在波长攻击下 Alice 和 Bob 选基相同时保留下来的有效探测结果

(平均误码率约为 1.4%,远低于警报阈值水平)[13]

135

会被发现。由此从实验上验证了波长攻击对被动偏振编码 BB84 系统的可行性。

8.3.3 MDI – QKD 中波长攻击下安全性分析

如第 3 章所述,MDI – QKD 协议本质是一种延迟纠缠的纠缠态密钥分发协议(Time-Reserverd – EPR)。MDI – QKD 的误码率检测主要源于"HOM 干涉",即当两个相同的光子进入分束器的两个入口时,它们总会从相同的输出端口离开。所以当 Alice 和 Bob 都采用直角基时,一次量子比特错误对应着:当 Alice 和 Bob 生成偏振相同的脉冲时,在 Charlie(Eve)处却能得到一个成功的贝尔测量结果。而如果 Alice 和 Bob 都采用斜角基,此时一次量子比特错误对应着:偏振相同时,在 Charlie(Eve)得到的测量结果是贝尔单态;当偏振垂直时,在 Charlie/Eve 得到的测量结果是贝尔三态。

因为在 MDI – QKD 的安全性假设中,只有 Alice 和 Bob 处于绝对安全的状态,所以 Eve 处在 Alice、Bob 和 Charlie 之间,与 Eve 完全控制 Charlie 在安全性分析上的情况是相同的。文献[14]假设 Eve 完全控制了 Charlie,如图 8 – 7 所示,采用如下的攻击方案:Eve 接收到 Alice 和 Bob 发来的脉冲后,分别改变它们的波长为 λ_1、λ_2,使其对分光器的耦合率为 r 和 $1-r$ 并且 $r>0.5$,Eve 随后开始记录 4 个单光子探测器的响应,并针对响应的结果进行如下的处理:

① 如果 D_{1V} 和 D_{1H} 或是 D_{2V} 和 D_{2H} 响应,则通过公共信道向 Alice 和 Bob 宣布测量得到 $|\psi^-\rangle$ 态。

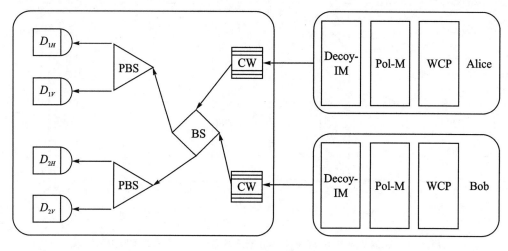

图 8 – 7 攻击方案设置[14]

② 如果 D_{2V} 和 D_{1H} 或是 D_{1V} 和 D_{2H} 响应,则通过公共信道向 Alice 和 Bob 宣布测量得到 $|\psi^+\rangle$ 态。

③ 如果 D_{2H} 和 D_{1H} 或是 D_{1V} 和 D_{2V} 响应,则保留这次测量的结果不向 Alice 和 Bob 通知。

同时 Eve 记录下分束器两端探测器 1、2 的测量结果序列。水平偏振态(H)和垂直偏振态(V)的响应分别按照 Alice 和 Bob 约定的方式处理。因为分束器的分光比提升到了 r,而且 MDI - QKD 只采用水平基进行编码。所以分光器两端的测量结果序列分别包含 Alice 和 Bob 的编码信息。

相同状态的两个脉冲从两个输入端口进入分光器后,干涉后的状态可以表示为

$$\psi_{out} = (R - T) \, |1_1,1_2\rangle + i \, (2RT)^{1/2} \, |2_1,0_2\rangle + i \, (2RT)^{1/2} \, |0_1,2_2\rangle \qquad (8 - 4)$$

式中:R、T 代表分束器的反射率和通透率,$R + T = 1$,下角标 1、2 代表分束器的两个端口,下角标所在的数字代表从该输出端口输出光子的数量。所以在 50:50 分束器下,相同状态的两个脉冲总会从同一个输出端口输出。

水平基:一个量子比特错误对应着 Alice 和 Bob 同时制备 $|H\rangle$ 态或 $|V\rangle$ 态,因为分束器的分光比由 0.5 上升到了 r,所以有一定的概率分别从分束器的两个输出端口输出,分别从两个输出端口输出的概率为 $(2r-1)^2$,但即便如此也只会引起 D_{2H} 和 D_{1H} 或是 D_{1V} 和 D_{2V} 的响应。由攻击方案可知,若不向 Alice 和 Bob 通知这次测量的结果,Alice 和 Bob 便不会检测出这个错误。所以该攻击方案在水平基上不会引起误码率的上升。

斜角基:对于斜角基,一次量子比特错误对应着偏振相同时在 Charlie(Eve)得到的测量结果是贝尔单态,或是偏振垂直时在 Charlie(Eve)得到的测量结果是贝尔三态。因为在偏振垂直的两个脉冲如果从分束器相同的输出端口离开,总会引起同一探测器的响应,所以不会引起量子比特错误。而如果 Alice 同时制备了 $(|H\rangle + |V\rangle)/\sqrt{2}$ 或 $(|H\rangle - |V\rangle)/\sqrt{2}$,而两个脉冲又没有同时从同一个输出端口输出,则有可能产生一次量子比特错误,误码率可以表示为

$$QBER = \frac{1}{4}(2r - 1)^2 \qquad (8 - 5)$$

所以 Eve 可以通过这样的攻击方式获取 Alice 和 Bob 的信息量,只会引起斜角基误码率的上升,并不会引起直角基误码率的上升,只会小幅引起斜角基误码率的上升,比如 Alice 和 Bob 在斜角基上的最低误码率为 0.25。由此,Eve 分别将 Alice 和 Bob 发来的脉冲转换为 1 250 nm 和 1 650 nm,再使用此处的攻击方案,即可以在该误码率范围内获得 Alice 和 Bob 交换的全部信息。

8.3.4 波长攻击防御策略

针对波长攻击,可以很直观地想到滤波防御,但是原则上,即使在探测器前使用单一波长滤波器(Wavelength Filter),仍无法杜绝波长攻击的可能。因为任何实际的滤波器对某种波长光的衰减都存有上限,不可能完全截断,而且攻击者理论上可以通过增加输入光强来抵消滤波器的效果。但在实际应用研究中发现,过强的光会产生很强的非线性效应,甚至导致光纤熔断,致使攻击无法进行,同时 Bob 可以通过增加强光检测来预防这类强光波长攻击。因此,在探测前添加滤波器及强光检测能有效防御波长攻击。下面简单介绍两种防御方案:

1. 多分束器方案

分束器对不同波长光子有不同耦合率,而且熔融拉锥技术参数的不同也会产生不同的分束器,所以采用不同分束器也可以筛选不同波长。文献[15]中采用 3 个分束器进行叠加操作。其中分束器 1 对波长为 1 370 nm 和 1 550 nm 的光子耦合率为0.5,分束器 2 对波长为 1 370 nm 和 1 550 nm 的光子耦合率为 1,分束器 3 对波长为1 370 nm 和 1 550 nm 的光子耦合率为 0.5,这样就确定了三个分束器的类型。前面两个分束器分离掉不可靠的光子,第三个分束器实现 1∶1 的随机测量基选择,按照文献中所述,如果模拟结果是窃听者只能获取少于 6.13% 的光子,而且只能得到1.15% 的秘密信息,这个数量在 95% 的光子收益中难以有所收获。

2. 波分复用器方案

波分复用器可以将光子按照不同波长进行分离,既然分束器攻击是利用光子波长对分束器耦合率的依赖性,Eve 又是利用偏激的耦合率进行攻击,那么只要在 Bob端安置上波分复用器(在分束器之前),用来筛选出耦合率在 0.5 附近的那些光子,其他的光子将会被抛弃,为了方便描述,文献[16]给出一个 12 波长分离的波分复用器方案。方案直接将不同波长的光子分流开来,无论窃听者采用何种攻击比例或者手段,都会被 Alice 和 Bob 根据实际噪声环境确定的误码率阈值和收益阈值检查所发现。

8.4 注 记

相比于经典保密通信,量子通信的理论安全优势无可比拟。但是在实验过程和实用化研究中,正如本章所述,其还存在着器件、模型,甚至是系统设计上的问题,这样会导致量子通信系统的安全性、稳定性和可靠性存在漏洞,也在一定程度上引发了部分对量子通信价值的质疑声。诚然,量子通信在实用化进程中仍然会遇到诸如波长攻击等之类的挑战,但是任何创新性研究就是在挑战和打破原有设计和理念的过程,行业应该给予量子通信足够的耐心,积极推动相关核心器件、模型构建和系统架构研究技术的跨越发展,构建完整的生态,才能实现量子通信理论的优势。

参考文献

[1] Bennett C H,Bessette F,et al. Experimental Quantum Cryptography [J]. Journal of Cryptology, 1992, 5(1): 3-28.

[2] Pironio S, Acin A, Brunner N, et al. Device-independent quantum key distribution secure against collective attacks [J]. New Journal of Physics, 2009, 11(4): 1-2.

[3] 李宏伟,陈嵌,黄靖正,等. 量子密码安全性研究[J]. 中国科学:物理学 力学 天文学, 2012(11): 1237-1255.

[4] Hwang Won Young. Quantum Key Distribution with High Loss: Toward Global Secure Communication [J]. Physical Review Letters, 2003, 91(5): 057901.

[5] Lo H K, Ma X, Chen K. Decoy state quantum key distribution [J]. Physical Review Letters, 2005, 94(23): 230504.

[6] Muller A, Herzog T, Huttner B, et al. "Plug and play" systems for quantum cryptography [J]. Applied Physics Letters, 1997, 70(7): 793-795.

[7] Nauerth S, Fürst M, Schmitt Manderbach T, et al. Information leakage via side channels in freespace BB84 quantum cryptography [J]. New Journal of Physics, 2009, 11(6): 065001.

［8］Ferenczi A，Narasimhachar V，Lutkenhaus N. Security proof of the unbalanced phase-encoded Bennett-Brassard 1984 protocol［J］. Physical Review A，2012，86(4)：042327-042336.

［9］Li H W，Yin Z Q，Han Z F，et al. Security of quantum key distribution with state-dependent imperfections［J］. Quantum information & computation，2010，11(11)：937-947.

［10］Bing Q，Fung C，Lo H K，et al. Time-shift Attack in Practical Quantum Cryptosystems［J］. Quantum information & computation，2007，7（1）：73-82.

［11］Weier H，Krauss H，Rau M，et al. Quantum eavesdropping without interception：an attack exploiting the dead time of single-photon detectors［J］. New Journal of Physics，2011，13(7)：193-198.

［12］Jouguet P，Kunz Jacques S，Diamanti E. Preventing Calibration Attacks on the Local Oscillator in Continuous-Variable Quantum Key Distribution［J］. Physical Review A，2013，87(6)：4996-4996.

［13］Li H W，Wang S，Huang J Z，et al. Attacking a practical quantum-key-distribution system with wavelength-dependent beam-splitter and multiwavelength sources［J］. Physical Review A，2011，84(6)：062308.

［14］Yu T，An H Y，Liu D W. Attacking a Measurement Device Independent Practical Quantum-Key-Distribution System with Wavelength-Dependent Beam-Splitter and Multi-Wavelength Sources［J］. Advanced Materials Research，2014，945-949：2277-2283.

［15］An H，Liu D，Yu T. Beating the Beam Splitter Attack and Rayleigh Scattering Effect［C］//2014 International Conference on Remote Sensing and Wireless Communications (RSWC 2014). DEStech Publications，2014：435-440.

［16］An H，Liu D，Yu T. A Solution for Beam Splitter Attack on BB84 Protocol［C］//2014 International Conference on Computer，Communications and Information Technology (CCIT 2014). Atlantis Press，2014：186-188.

第 9 章　量子通信网络

量子通信系统可以满足通信的保密需求,但鉴于目前通信网络发展的密集化和虚拟化趋势,便捷的量子保密通信必须立足于网络化发展,从根本上解决存在于现在和可预见未来网络中的安全问题。为了实现这个目标,量子网络技术在国内外得到了很大发展。2020 年 2 月,美国白宫发布《美国量子网络战略构想》,提出开辟量子互联网,确保量子信息普惠大众。其量子网络是以量子计算机为算力核心,以量子通信技术构建安全通信网络,以量子探测技术支撑端传感探测能力跨代提升。可见,量子通信网络是其构建"美国量子网络"的"重要信息通道网"。追溯到 1969 年,现有互联网的诞生便是始于美国国防部高级研究计划局(DARPA)的首个计算机网络 ARPANET。量子通信要做到真正的实用化,融入到千家万户的日常生活中,也必须建立量子通信网络。

9.1　量子通信网络的发展

量子通信技术在过去的近 20 年中,得到了很大的发展。但是也面临着很多问题:首先,由于信道中的衰减因素的影响,密钥传输的距离受到了很大的限制;其次,点对点的通信系统只能实现两个节点之间的通信,但是不能实现多用户之间的密钥交换;最后,如果两个节点之间的量子信道受到破坏,那么两个节点之间就不能通信,系统的可靠性和稳定性较差。

量子通信网络的实现可以解决上面的几个问题:首先,量子中继可以延长通信系统的通信距离;其次,量子网络可以实现其覆盖区域内的任意节点之间的通信;最后,由于两个节点之间可以有多条路径到达,所以,网络通信系统的安全性、可靠性和稳定性可以同时得到提高。

1. 国外量子通信网络建设

英国学者 Townsend 早在 1993 年就提出了无源光纤网络量子密钥分发方案[1]，其拓扑结构是树形或环形，一个网络管理者和其他网络用户可以进行一对多的量子通信，并在 1997 年报道了总长度为 7.4 km 的一个网络管理员对 3 个用户的量子密钥分发网络[2]。其后，各种网络量子密钥分发方案相继提出，相应的网络建设工作也得到迅速地展开。

2002 年，美国 BBN 公司、波士顿大学和哈佛大学，利用网络控制器自动控制光学开关共同组建 BBN&DARPA 量子密钥分发网络，该通信网络是世界上第一个真正意义上的量子密钥分发网络。2006 年，美国国家标准技术研究院（NIST）展示了三用户主动量子密码网络，其网络架构内包含一个发送者和两个接收者，两节点之间距离为 1 km，粗码率为 1 Mb/s。2008 年 10 月，SECOQC 在奥地利维也纳现场演示了一个包含 6 个节点的量子通信网络，集成了单光子、纠缠光子、连续变量等多种量子密钥分发系统，建立了西门子公司总部位于不同地点的子公司之间的量子通信网络连接，包括电话和视频会议等。2009 年 3 月，瑞士日内瓦量子通信网络完成建设并在之后运行了超过一年半的时间。2010 年 5 月，南非德班市建成了一条量子密钥分发网络链路，连通德班市内的两个地点。2010 年 10 月，日本 NICT 主导，联合 NTT、NEC、三菱电机、东芝欧研所、瑞士 IDQ 公司和奥地利 All Vienna 共同协作在东京建成了 6 节点城域量子通信网络。2013 年，美国 Battelle 公司公布了环美量子通信网络项目。2014 年，英国 QCH 项目计划建立高码率的量子密钥分发链路，并在剑桥和布里斯托建设量子通信网络。2016 年，SKT 报道了其在韩国首尔已经建成的量子通信网络，量子密钥分发链路长 35 km，连通了 SKT 在首尔的两处研发机构，通过该链路将一个无线局域网接入 SKT 的互联网骨干网。2016 年，俄罗斯喀山量子中心与圣光机大学设计并在喀山建有多枢纽量子通信网络。

2. 国内量子通信网络建设

2004 年，中国科学技术大学郭光灿团队完成了从北京望京—河北香河—天津宝坻的量子密钥分发干线，所用的商用光纤长度可达 125 km。2007 年，郭光灿团队在北京成功搭建了 4 用户星形量子通信网络。2008 年 10 月，中国科学技术大学潘建伟团队实现了基于可信中继方式的量子电话网。2009 年 5 月，中国科学技术大学郭光灿团队在安徽芜湖建成了一个 7 节点的量子通信网络。2009 年 8 月，中国科学技术大学潘建伟团队在合肥建成了一个星形 5 节点全通型量子电话网。2012 年 2 月，合肥城域量子通信网络建成。2013 年 11 月，济南城域量子通信网络建成并投入使用。2017 年 9 月，"京沪干线"量子通信网络正式开通，同月，"京沪干线"与"墨子号"

量子科学实验卫星成功对接,在世界上首次实现了洲际量子通信。2017 年 10 月,武汉市量子通信网络一期建成并开始运营。

目前,美国、欧盟、日本等在量子通信网络研究上表现活跃,例如 SECOQC 计划实现了多个节点的量子通信,平均距离达到 25 km,传输密钥率达到 1 kb/s。国内相关研究单位在这方面的研究也取得了积极的进展,在一些"硬骨头"上做了不少优秀的工作。例如成功建立了基于诱骗态的 3 节点量子网络,并将产生的量子密钥用来加密 3 节点中任意两节点实时的语音通话,相邻节点传输距离为 20 km。

9.2 量子通信网络中间节点技术方案

量子通信网络的基本架构主要包括 4 种方式:基于主动光交换的不可信网络,如光开关;基于被动光学器件的不可信网络,如光分束器、波分复用器;基于信任节点的可信中继网络;基于量子中继的纯量子通信网络[3]。由于量子中继技术离实用还有一定距离,目前,量子通信网络主要通过前三种方式进行组网,使用较多的方式是在主干网使用基于光开关或被动光学器件的不可信网络,通过可信中继方式连接多个子网,如美国 DARPA 量子通信网络、芜湖量子政务网等。量子通信网络的基本拓扑结构主要有星形拓扑结构、环形拓扑结构和总线型拓扑结构三种。

9.2.1 基于量子中继的方案

如第 7 章所述,量子中继技术是远距离量子通信和量子通信网络中的关键技术之一,其可将网络中两个通信节点之间的信道分为 N 段。首先为信道中的每一段建立相应的纠缠态,在两个节点之间进行通信时,对两个节点之间的中间节点执行联合测量,最终可以得到两个通信节点之间的纠缠态。然后利用它们之间建立的纠缠,使用 EPR 协议可以在两个节点之间进行通信。

一个 3 节点之间的量子中继方案如图 9-1 所示。当节点 1 与节点 3 之间进行通信时,需要在粒子 1 与粒子 3 之间建立纠缠。首先粒子 1 与粒子 2,继而粒子 2 与粒子 3 之间分别形成纠缠态,然后使用 Bell 测量基联合测量实现信息传递。

从通信过程可以看出,量子中继方案中的量子节点可以看成一个量子存储器,通信过程要求量子节点能够长时间存储量子信息而不会发生退相干。由于在实验上实现上比较困难,因此这种实现方案大部分还处于理论探讨阶段。

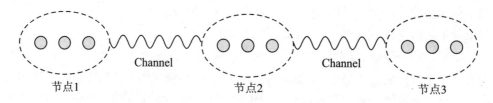

图 9 - 1   量子中继节点连接方案

9.2.2   基于光开关的方案

光开关可以对光信号实现物理选择和逻辑操作,在分布式网络、测试设备和实验中都有很大作用。光开关量子通信网络可以看成一个 Alice 和多个 Bob 组成的本地网。与最初使用分束器组成的被动光网络不同。光开关型网络可以由 Alice 主动选择通信终端,并在两个确定的终端之间实现完全通信。如图 9 - 2 所示为由 NIST 使用光开关实现的 3 节点量子网络原理图。

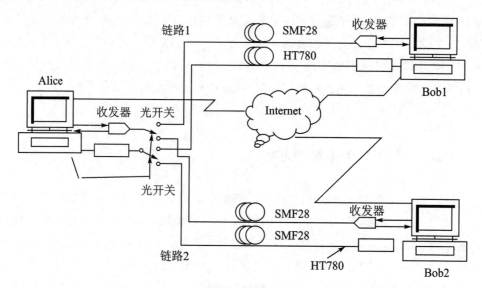

图 9 - 2   NIST 光开关量子通信网络架构图

光开关型网络组建较为简单,使用的器件也较少,其中间节点不要求可信。但是这种网络也有自身的缺点:首先,传输距离有限,由于光开关的固有损耗,其传输距离比点对点的量子密钥分发系统还要小;其次,整个系统只能使用一种传输协议。光开关型量子通信网络适合应用在局域网和城域网中。

9.2.3 基于可信中继的方案

基于可信中继的方案由多个量子节点和各种不同的量子通信协议组成。各个量子节点构成了量子网络的骨干节点,通过量子节点来连接各个不同的节点。量子节点由相应的量子通信器件和可以存储密钥的经典存储器组成。

基于可信中继通信过程:当 Alice 和 Bob 交换密钥时,假设其间存在 N 个量子节点 $N_i(i=1,2,\cdots,N)$,Alice 首先和节点 N_1 交换密钥,然后 N_1 和 N_2 之间建立量子信道,将 Alice 和 N_1 之间的密钥经一次一密加密后传送到 N_2,如此重复,直到将密钥传送到 Bob 端。

可信中继方案有许多优点:首先,理论上可信中继方案可以覆盖任意区域;其次,不同的量子链路可以采用不同的量子通信协议。但是,由于 Alice 和 Bob 之间建立的保密通信经过了两者之间的所有量子节点,所以可信中继方案要求中继节点必须可信。

SECOQC 组织搭建的量子通信网络拓扑图如图 9 - 3 所示。该量子网络由 6 个量子节点组成,包括 8 条量子链路。其中使用了 6 种不同的量子通信协议:"plug&play"方案、相位编码的弱相干光脉冲单向协议、时间编码的 COW 协议、连续变量协议、纠缠光子协议和自由空间协议等。

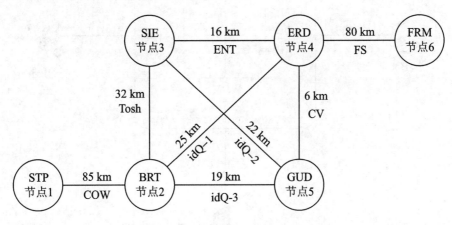

图 9 - 3 SECOQC 组织量子网络拓扑图

量子节点在网络协议上可以分为 3 层,从下到上依次是:量子点对点协议层——存储与管理生成密钥;量子网络层(路由层)——在节点之间通信时选择合适的路由;量子传输层——在节点之间实现信息的加密传输,防止量子通信网络阻塞。

9.2.4　基于多路复用器的方案

基于多路复用器的方案由多路波分复用器、解复用器等构成量子路由器,支撑量子通信网络中间节点能力生成。多路复用器可以使用不同的波长来路由光信号,从而选择不同的量子信道,其在量子通信网络中的作用与光开关类似。

图 9-4 为中国科学技术大学团队在北京实现的 4 用户量子通信网络示意图,该网络架构包括 1 个发射节点(皇城根)、3 个接收节点(东小口、南沙滩、望京),基于诱骗态量子密钥分发方案实现了密钥分发、密钥提纯、保密放大等保密通信工作,以及用户加密多媒体的全部功能,网络中最长商用光纤链路可达 42 km。

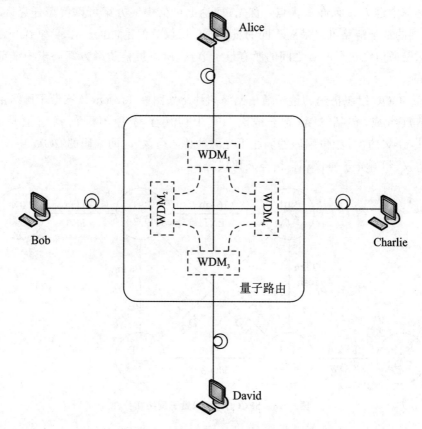

图 9-4　4 用户量子通信网络示意图

9.2.5　基于集控站的方案

多个集控站之间搭建有量子信道,集控站可以直接与多个量子网关相连,也可以通过下挂的光交换机(矩阵光开关)来间接与量子网关相连,如图 9 - 5 所示,各个设备间通过交换机实现经典信道连接,从而组成基于集控站的量子通信网络。

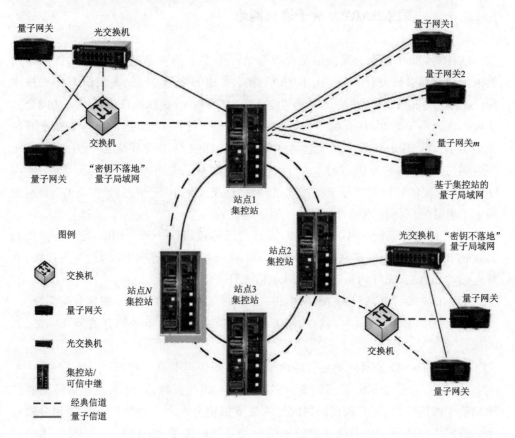

图 9 - 5　基于集控站的量子通信网络示意图[4]

集控站可以看成是带有路由功能的可信中继,其中交换机为基于集控站的量子通信网络提供经典网络资源,光交换机用于进行光路切换,以实现量子网关间量子信道的互联互通。该网络融合了上述可信中继、光交换机的功能,在用户数量和网络覆盖范围上具有极大的拓展性,是目前最有效的面向广域光纤量子通信的解决方案[4]。

9.3 各国及地区的量子通信网络

9.3.1 美国 DARPA 量子通信网络

DARPA 量子密钥分发网络是世界上第一个实地的量子通信网络[5]，该网络由美国国防部高级研究计划局（DARPA）资助，由 BBN 技术公司、美国国家标准技术局（NIST）、QinetiQ 公司、哈佛大学和波士顿大学（Boston University，BU）共同合作完成。该网络于 2002 年开始架构设计，2003 年 10 月在 BBN 技术公司实验室开始全面运作。C. Elliott 等人在文献[6]中指出，在 2004 年 6 月建成了哈佛大学、波士顿大学与 BBN 技术公司之间 6 个节点的量子网络。在 BBN 技术公司 2007 年向 DARPA 提交的最终技术报告中指出，该网络已拓展到 10 个节点。2005 年 2 月提出的量子通信网络拓扑结构，如图 9-6 所示，包括：

① 光纤链路系统。Alice 和 Bob 通过光纤连接，Harvard-BBN 光纤链路长约 10 km，BU-BBN 光纤链路长约 19 km，Harvard-BU 通过 BBN 的光开关连接，光纤链路约 29 km，光纤均是 SMF-28 电信光纤。

② NIST 设计和建设的 Ali 和 Baba 之间的高速自由空间量子密钥分发系统。

③ 由 BU 和 BBN 共同研制的基于纠缠光源的两个量子密钥分发节点 Alex 和 Barb。

④ 由 QinetiQ 公司研制建立的两个自由空间信道节点。

DARPA 量子密钥分发网络支持多种量子密钥分发技术，包括光纤信道的相位调制量子密钥分发、光纤信道的纠缠光源量子密钥分发和自由空间量子密钥分发技术。该网络包括了 4 种不同的量子密钥分发系统硬件单元：两种由 BBN 技术公司团队设计和建立的基于光纤链路的通信系统——基于弱相干光源的量子密钥分发系统和基于纠缠光源的量子密钥分发系统；另外两个是基于衰减激光脉冲的自由空间量子密钥分发系统，分别由 NIST 和 QinetiQ 提供。BBN 技术公司在 2007 年的最终报告中提到了将建立多个量子通信城域网，并通过卫星连接建立全国量子通信网络。

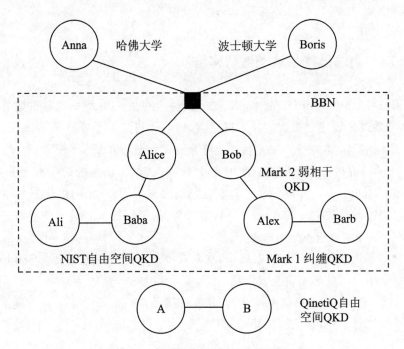

图 9-6 DARPA 量子通信网络拓扑结构

9.3.2 美国洛斯阿拉莫斯量子通信网络

2013 年 5 月,美国洛斯阿拉莫斯国家实验室(Los Alamos National Laboratory)的科学家 R. J. Hughes 表示[7],过去两年半里,他们一直在悄悄运作一套量子通信网。该网络结构对授信节点 Trent 采用时分复用,包括了三位用户 Alice、Bob 和 Charles,他们与 Trent 通过 50 km 单模光纤连接,采用诱骗态 BB84 协议。

值得一提的是,该研究组于 2012 年 12 月在美国伊利诺伊大学香槟分校(University of Illinois Urbana-Champaign,UIUC)演示了量子通信在政府能源电网可靠网络基础设施(Trustworthy Cyber Infrastructure for the Power Grid,TCIPG)数据传输中的优势。该演示测试了正常和故障两种情况下的电力系统信息传输,通过 25 km 的光纤链路,保障了 PMU——PDC 之间数据传输的安全,通信等待时间仅仅约 125 μs。该演示令人信服地表明量子通信能够应对关键基础设施面临的赛博安全挑战。同时 Hughes 也指出其他的应用实例,包括手持设备的安全防护、企业网络安全防护,以及云计算安全防护。

9.3.3 美国巴特尔量子通信网络

美国巴特尔(Battelle)和 id Quantique 正逐步在俄亥俄州哥伦布市建立量子通信网络,并最终打算建立更大的城际网络[8],他们计划分 4 个阶段:

① 实验室测试 30~100 km 盘卷光纤量子密钥分发系统。

② 在俄亥俄州哥伦布市基于商用光纤测试连接两个场所的量子密钥分发系统,节点分布。Dublin 和 Columbus 两个节点直线距离约为 15 km,可以通过 3 根地下光缆线路相连,距离在 25~50 km 之间,加密数据、密钥筛选和量子信道将通过波分复用器在一根光纤上传输。

③ 基于商用光纤和可信节点结构,在俄亥俄州哥伦布市建立城域环形拓扑结构的连接多个用户的量子密钥分发网络。

④ 基于商用光纤和可信中继结构,建立连接俄亥俄州哥伦布市和华盛顿地区的长程量子通信骨干网,骨干网拓扑结构如图 9-7 所示。

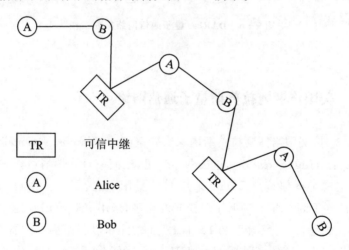

图 9-7　基于可信中继的长程量子城际网络

目前,第一阶段已完成,测试系统位于俄亥俄州哥伦布市的巴特尔总部,第二阶段正在进行。

9.3.4 欧洲 SECOQC 量子通信网络

欧洲"基于量子加密的全球保密通信网络研发项目"(Development of a Global

Network for Secure Communication based on Quantum Cryptography，SECOQC)[9]，致力于构建多方用户能够交换理论上安全的密钥及信息的量子通信网络。其建于奥地利维也纳，从 2004 年开始建设，投入 1 471 万欧元，到 2008 年成功演示运行，共有 41 个研究单位和公司参与建设。

整个量子通信网络包括 6 个节点（分别是 STP、SIE、BRT、GUD、ERD 和 FRM)、8 条点对点量子密钥分发链路，网络拓扑结构中没有使用光学路由，完全以可信中继的方式相互连接在一起。网络中的 8 条链路中，有 7 条是光纤信道，最长的为 85 km，有一条 80 m 的自由空间信道。瑞士公司 id Quantique 提供了 3 套"plug&play"量子密钥分发端机(idQ1、idQ2 和 idQ3)，英国的东芝剑桥研究所提供了一套单向相位编码诱骗态量子密钥分发系统(Tosh)，瑞士日内瓦大学 Gisin 研究团队提供了一套 COW 时间编码量子密钥分发系统，维也纳大学 Zeilinger 研究组与奥地利工学院合作提供了一套基于偏振纠缠态的量子密钥分发系统(Ent)，Grangier 领导的 CNRS-Thales-ULB 联合研究组提供了一套连续变量量子密钥分发系统，德国 Weinfurter 领导的 Ludwig-Maximilians-University 研究组开发了一套自由空间诱骗态 BB84 系统（与邻近节点的视距为 80 m，通信速率超过 10 kb/s，能够全天候工作）。平均链路长度为 20~30 km。25 km 光纤链路安全密钥率超过 1 kb/s。

9.3.5 瑞士日内瓦量子通信网络

瑞士日内瓦量子城域网从 2009 年开始运行，2011 年 8 月的文献[10]报道其已稳定运行至 2011 年 1 月，运行时间超过一年半。该网络实验的主要目的是测试量子链路层在实际环境中的长期可靠性。同时，开发了密钥管理层来管理 3 个节点之间的密钥，通过应用层面向终端用户提供量子保密网络的使用。

瑞士量子网络的节点分布，包括 3 个节点，分别为：Unige(University of Geneva)、CERN(Centre Européen de Recherche Nucléaire)和 Hepia(Haute école du Paysage，d'Ingénierie et d'Architecture)，每个节点又分为两个子节点，构成了 3 条端到端的链路(CERN-Unige：14.4 km，CERN-hepia：17.1 km，Unige-hepia：3.7 km)。节点 Hepia 和 Unige 在瑞士，节点 CERN 位于法国境内，因此该网络为第一个国际量子通信网络。

研究人员开发了虚拟局域网(VLANs，Virtual Local Area Networks)来监控瑞士量子网络。每层均有一个虚拟局域网，连接到位于 hepia 的服务器，来监控该量子网络。同时还部署了两个防火墙，一个用来阻止非法用户通过网络连接服务器，另一个用来限制访问管理网络，只有合法用户(id Quantique，Unige 和 hepia)可以访问监控网络。每个端到端链路均包括一对商用量子密钥分发设备(id Quantique, id5100),该设备基于"plug&play"结构。网络运行标准 BB84 协议或者 SARG 协议。当 Alice 端缓存满的时候(500 万～700 万次探测)进行密钥提纯,每次筛选的密钥约 125 万～175 万比特。

9.3.6 西班牙马德里量子通信网络

西班牙研究人员在 2009 年报道了他们在马德里建立的城域量子通信网络试验床,包括骨干网和接入网。该网络集成于现有的光通信网络中,尽可能多地使用工业级技术,研究在已有网络中部署量子通信网的流量、限制和成本。

该量子网络的骨干网是一个环形结构,量子信道使用 1 550 nm 波长,经典信道使用两个波长,为 1 510 nm 和 1 470 nm。接入网使用 GPON(Gigabit Passive Optical Network)标准。网络采用 id Quantique 公司量子密钥分发系统模块 3000 和模块 3100,通信使用诱骗态 BB84 协议。信道容忍的损耗约为 15 dB,在此损耗下,密钥率只有几比特每秒。网络在理想条件下(误码率为零),受探测器死时间影响,速率最高为 100 kb/s。在骨干网端到端的测试中,当距离 6 km 时,成钥率约 500 b/s;距离 10 km 时,成钥率约 100 b/s。基于 GPON 的接入网是建立骨干网节点终端 OLT (Optical Line Termination)与用户终端 ONT(Optical Network Termination)之间的数据流,采用 1 490 nm 波长进行数据流下行通信,1 310 nm 波长进行数据流上行通信,量子信道依然采用 1 550 nm 波长。实验中发现串扰比较严重,在零距离的情况下有 4% 的误码率,成钥率约 500 b/s。当距离为 3.5 km 时,成钥率下降到 20 b/s,距离增加到 4.5 km 时,已不能生成安全密钥。这要求 OLT/ONT 之间量子信道与经典信道分时复用,或者重新设计 OLT /ONT 链路。虽然成钥率低,但仍然能满足 256 比特 AES 加密的密钥更新速率。

9.3.7 中国合肥 3 节点和 5 节点量子电话网

2008 年,中国科学技术大学潘建伟院士团队在商业光纤网络的基础上,组建了可自由扩充的光量子电话网,节点间距达到 20 km,实现了"一次一密"加密方式的实时网络通话和三方对讲机功能。3 个节点位于合肥的中国科学技术大学、滨湖和杏林,真正实现了"电话一拨即通、语音实时加密、安全牢不可破"的量子保密电话。Binhu-USTC 之间的最终成钥速率大于 1.6 kb/s,误码率约 1.6%;USTC-Xinglin 之间的最终成钥速率大于 1.5 kb/s,误码率约 1.4%。该成果被美国《科学》杂志以 *Quantum phone call* 为题进行了报道。

2009 年,该研究组在合肥成功研制 5 节点的星形量子通信网络[11],实现了全功能运行,网络节点,节点之间的距离 8～60 km,最终成钥速率大于 1.2 kb/s,误码率低于 2%。

9.3.8　中国芜湖量子政务网

2009 年,中国科学技术大学郭光灿院士团队在安徽芜湖建成了多层级"量子政务网",通过该网络可以完成任意两点之间的无条件安全保密通信[12-13],该网络采用了波长节约量子路由器。量子密钥分发骨干网 4 个节点分布在芜湖市科技局(A 节点)、市经委(B 节点)、总工会(C 节点)和电信机房(D 节点),量子密钥分发子网 3 个节点分布在质监局(E 节点)、招商局(F 节点)和电信机房(G 节点),可信中继设在电信机房(D 节点),全时全通量子路由器和程控量子交换机均放在电信机房内。

该量子网络在同一系统中应用了 3 种组网技术,不仅可以实现保密声音、保密文件和保密动态图像的绝对安全通信,还能满足通信量巨大的视频保密会议和大量公文保密传输的需求。网络中使用的关键器件,包括最关键的光电调制芯片,全部为我国自主研发或与国内单位联合研制。

9.3.9　日本量子通信网络

日本东京量子通信网络于 2010 年 10 月在日本东京正式建成,并在 UQCC 2010 会议上做了专场宣传。该量子网络是日本情报通信研究机构(NICT)开放试验床网络计划(JGN2plus)的部分内容,由来自日本和欧洲的 9 个研究小组共同完成。该网络包括小金井(Koganei)、大手町(Otemachi)和本州(Hongo)等接入节点,接入节点通过商用光纤连接。

该网融合了 6 套量子密钥分发系统,最远光纤距离为 90 km,网络中执行的协议包括诱骗态 BB84 协议、BBM92 协议、SARG 协议和差分相位协议,网络的逻辑链路拓扑结构如图 9-8 所示。该网络采用了超导单光子探测器,实现了 GHz 量级的调制频率,能够在超过 45 km 的距离上进行安全的视频会议。50 km 安全密钥率达到 100 kb/s,90 km 安全密钥率达到 2 kb/s。值得一提的是,该网络还包括量子通信手机的应用接口,如展示了三菱公司的量子通信手机,通信速率可达 1 kb/s,包括一个

2 GB 的密钥存储卡,每次可连续通话 10 天,一旦密钥使用过后即从存储卡中删除。

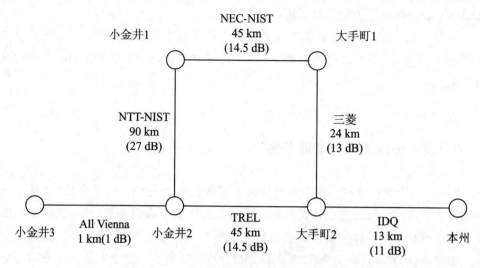

图 9 - 8 基于可信中继的长程量子城际网络

9.4 量子卫星通信

基于低损耗光纤单光子量子态能够传递距离的理论极限仅仅在百公里量级,目前实验上光纤信道量子密钥分发的距离已基本达到这一极限。基于光纤信道可实现城域网的量子密钥分发。如何实现更远距离甚至是全球任意两点间的量子密钥分发? 科学家们提出了量子卫星方案。因为大气有效厚度只有 10 km 左右,经过大气有效厚度距离之后,光子在外太空的衰减几乎为零,通过建立地面与空间平台之间的高稳定低损耗量子信道将有可能实现覆盖全球的量子通信网络。

目前,有多个国家正推进星载量子通信计划,或许出于保密的缘故,或许实验方案还在进一步研究中,有详细报道的星载量子通信方案很少,现将有公开报道的星载量子通信计划简述如下:

① 美国 Richard Hughes 研究组:位于美国洛斯阿拉莫斯国家实验室(Los Alamos National Laboratory),自 2002 年底起就致力于量子密钥分发空间平台的研究,出于保密原因,详细情况目前还没有公开报道。

② 美国 NASA PhoneSat 计划:NASA 计划试验手机卫星,手机卫星可以理解为具有手机功能的微小卫星,或是卫星载有手机并且主要发挥手机功能。设计手机卫星主要基于成本考虑,设计的目的是通过手机卫星、可调后向反射镜及光力效应

154

实现低成本的高速卫星激光通信,以及建立全球量子通信,并进行量子物理相关实验测试。

③ 欧洲研究组:包括奥地利维也纳大学(University of Vienna)Anton Zeilinger 小组在内的 27 个研究组,在 2008 年向欧洲航天局的生命和物理科学部提交了 "Space - QUEST"实验方案[14],计划在国际空间站(International Space Station, ISS)欧洲哥伦布模块的外部平台上部署纠缠光源,向地面发送纠缠光子对,这将开创超出地面上几个量级测试距离的量子通信和基础物理实验。空间发射端的初步设计图包括一个纠缠光源、诱骗态光脉冲、两个发射望远镜和相应电子系统。

④ 中国潘建伟院士研究组:位于中国科学技术大学,他们牵头组织了中科院战略先导专项"量子科学实验卫星",与中科院上海技术物理研究所王建宇研究组、光电技术研究所黄永梅研究组等组成协同创新团队。2016 年 8 月,成功发射全球首颗量子通信科学实验卫星"墨子号",突破了传输距离的极限,在此基础上将实现高速星地量子通信并连接地面的城域量子通信网络,初步构建我国的广域量子通信体系。为今后量子通信应用打下技术基础,并进行大尺度量子基础理论和相对论的实验工作。该量子卫星由上海微小卫星工程中心设计研制。

⑤ 新加坡 Alexander Ling 研究组:位于新加坡国立大学(National University of Singapore),计划发射小的立方体卫星,卫星携带纠缠光子源[15]。这一计划将面临很多挑战,其一就是将发射源的光电平台集成到小的模块上。其他的挑战还包括卫星的功耗约 1.5 W,要能够承受 6.5g 的加速度,还需要承受太空温度剧烈变化、强辐射等环境,机械结构需有长期的稳定性,总质量控制在 1 kg 左右。

⑥ 加拿大 Thomas Jennewein 研究组:位于加拿大滑铁卢大学(University of Waterloo)量子计算研究院,正与加拿大航天局(Canadian Space Agency)以及工业界合作设计量子卫星。该研究组计划将接收端置于卫星上,与卫星为发射端的下行链路结构相比,接收端置于卫星上的上行链路更易受大气湍流影响,导致更大的传输损耗,减小密钥的生成率。然而,上行链路具有特定优势:量子接收端简单、稳定,而且相比发射端更具通用性;发射端位于地面可使用不同的量子源设计。

9.5 量子网络中的身份验证和路由

身份认证是指网络中确认操作者身份的过程。由于窃听者 Eve 可能通过篡改通信者的身份窃取信息,所以在量子网络中也需要有相应的身份认证过程。两个节点之间身份认证的基本过程是:在通信开始之前,通信节点之间共享一段长度的密钥作为初始认证密钥。通信过程中生成的密钥一部分用来加密信息,另一部分用来更新两个节点之间的认证密钥。当网络扩充到由 3 个或者更多节点组成时,一般采用相邻认证的方法,即相邻的节点相互认证。例如,Alice 通过 Charlie 节点和 Bob 通信时,首先,Alice 和 Charlie 通过认证确认身份并发送加密信息;然后,Charlie 和 Bob 通过身份认证确认身份并发送加密信息。这种方式密钥的利用率较高,通信的一方通过间接的方式确认通信的另一方的身份。与之相对应的有直接认证方式,即用 Alice 和 Bob 之间生成密钥时要通过 Charlie 进行相互认证,但是最终交换信息时,Alice 与 Bob 之间的认证密钥不经过 Charlie。

路由选择是指选择通过互连网络从源节点向目的节点传输信息的通道,而且信息至少通过一个中间节点。由于网络中多个节点的存在,使得两个通信节点之间存在多条路径,如何选择通信路径是路由选择需要解决的主要问题。在量子网络中,路由选择与经典网络中的基本相同。大的中间节点建立并维护相应的路由表,路由表的内容是与之连接的网络节点或者通信节点,当网络中的两个节点 Alice 与 Bob 进行通信时,Alice 首先与其相邻的 Charlie1 节点通信,查找 Charlie1 的路由表中是否有 Bob 的地址,若存在,则直接通过 Charlie1 建立通信,若不存在,则 Charlie1 向与其连接的节点 Charlie2 发送信息,查找在 Charlie2 的路由表中是否存在 Bob,这样一直进行下去,直到找到 Bob 的地址,并通过其经过的节点建立通信信道。为了保证通信过程的安全性,过程的每一步都要经过身份认证,最终的认证方式也存在直接认证和间接认证两种方式。

9.6　注　记

量子通信网络发展是保密通信发展的重要方向之一,纵观国内外相关领域的基础研究和通信网络建设推进工作,在系列关键技术突破的前提下,未来或将是量子通信网络的大变革时期。其实,早在美国之前,我国就有量子通信网络相关的政策性指导文件发布:根据国家发改委发布的《组织实施 2018 年新一代信息基础设施建设工程的通知》,"国家广域量子保密通信骨干网络建设一期工程"明确提出构建量子保密通信网络运营服务体系,进一步推进其在信息通信领域及政务、金融和电力等行业的应用。随着相关系列技术的不断攻克、市场需求的持续扩大和应用场景的深入挖掘,大规模、多层级、跨行业的量子通信网络或可以无从设想的速度迅速成形。

参考文献

［1］ Phoenix S，Barnett S M，Townsend P D，et al. Multi-user Quantum Cryptography on Optical Networks ［J］. Journal of Modern Optics，1995，42（6）：1155-1163.

［2］ Townsend P. Quantum cryptography on multiuser optical fiber networks ［J］. Nature，1997，385，47-49.

［3］ 曾贵华，量子密码学［M］. 北京：科学出版社，2006.

［4］ Hu Xin Lei，Li Qiang，Ma Rui. Prospect of Networking Mode and Standardization of Quantum Communication Network ［J］. Communications Technology，2019，52(1)：112-116.

［5］ BBN TECHNOLOGIES. DARPA Quantum Network Test-bed ［R］. Final Technical Report，2007.

［6］ Elliott C，Colvin A，Pearson D，et al. Current status of the DARPA Quantum Network ［J］. Proceedings of SPIE-The International Society for Optical Engineering，2005，5815(1)：138-149.

［7］ Hughes R J，Nordholt J E，Mccabe K P，et al. Network-Centric Quantum Communications with Application to Critical Infrastructure Protection ［J］. Computer Science，2013，1305：0305-0312.

［8］ Morrow A，Hayford D，Legre M. Battelle QKD test bed ［C］//Homeland Security. IEEE，2012：162-166.

［9］ Poppe A，Peev M，Maurhart O. Outline of the SECOQC Quantum-Key-Distribution Network in Vienna ［J］. International Journal of Quantum Information，2008，6(2)：209-218.

［10］ Stucki D，Legré M，Buntschu F，et al. Long term performance of the SwissQuantum quantum key distribution network in a field environment ［J］. New Journal of Physics，2011，13(12)：123001-123018.

［11］ Chen T Y，Wang J，Liang H，et al. Metropolitan all-pass and inter-city quantum communication network ［J］. Optics Express，2010，18（26）：27217-27225.

［12］ 郭光灿. 量子信息技术［J］. 重庆邮电大学学报（自然科学版）. 2010，22(5)：

521-525.

[13] 许方星,等. 多层级量子密码城域网[J]. 科学通报,2009,54(16):2278-2283.

[14] URSIN R,et al. Space-QUEST:Experiments with quantum entanglement in space [J]. Europhysics News,2009,40(3):26-29.

[15] Ling A,Oi D. Small Photon-Entangling Quantum Systems (SPEQS) for LEO Satellites. [R]. Report PPT at First NASA Quantum Future Technologies Conference,2012.

第 10 章　典型量子密钥分发系统案例

　　量子通信系统的设计和实现,是对理论量子通信优越性的证明和实用化验证的延伸,国内多所高校和企业在量子通信系统的研发上走在了前列。量子密钥分发是已有量子通信系统应用研究最为丰富的方向,本章取其中较有代表性的离散量子密钥分发系统、连续变量量子密钥分发系统,以及具有特殊应用场景的星地量子密钥分发系统作为案例,向读者展现不同体制、不同场景下量子密钥分发的系统设计与实现。本章将介绍相关案例系统的部分具体内容,涉及基本系统架构、典型分系统及模块等的设计和实现,满足读者一般性量子密钥分发系统的研制和应用研究参考需求。

10.1　量子密钥分发系统一般性模型

　　虽然量子密钥分发系统的研究已经有了相当富足的基础,但是不同研究组的系统设计不尽相同。此处简略归纳较一般的量子密钥分发系统模型,具体可以分为5 个部分,包括量子光源、量子态制备、信道、量子态探测和后处理。量子密钥分发系统简略结构模型如图 10-1 所示,量子密钥分发系统的设计需要首先做足相关准备工作,由于在第 7 章已就关键技术进行了原理分析,所以下面仅对模型主要部分的非指标性选择简要进行说明,供读者参考。

图 10-1　量子密钥分发系统一般性模型简图[1]

10.1.1　量子光源

量子光源是实现量子密钥分发最基础的部分。不同的量子密钥分发系统所使用的量子光源不尽相同,其中尤以单光子源和连续光源应用最为广泛(纠缠光源是较为有优势的载体,但由于技术难度高,通信系统开发实验应用相对较少)。

1. 单光子源

目前,常见的单光子源有三类:第一类是以量子点为基础的单光子源,比如 NV 色心、PN 结、半导体量子点中的电子空穴对。但是,目前这类单光子源依然太复杂,量子效率也很低,在实用化量子密钥分发系统中的优势不大。第二类方法是产生光子对,并使用一个光子作为另一个光子的触发器。光子对通常是由高功率激光泵浦非线性晶体,经过自发参量下转换生成的。然而,这种方法生成光子对的效率相对较低,也限制了其应用发展。第三类是在量子密钥分发系统中使用最为广泛的衰减激光[1]。相对于前两种单光子源,实现弱相干光源较为简单和实惠,通常使用半导体激光器和光衰减器的组合便可完成,例如脉冲电压驱动光纤输出半导体激光器和可调衰减器。

单光子源作为量子密钥分发系统的光源,需要具备以下几点要求:

① 光子脉冲的到达时间必须相对稳定,具有较小的时间抖动,光脉冲的宽度必须小于探测端门脉冲。

② 光源的线宽也应该尽量窄,带来较好的单色性,减弱色散效应。

③ 光源间的中心波长应该一致,避免长距离通信中可能的偏振变化不一致。

④ 光源之间的光脉冲幅度要基本一致,否则窃听者有可能通过鉴别光脉冲的强度来区别不同的偏振态。

2. 连续光源

一般说来,连续光源可以考虑压缩光或相干光源,但由于技术限制,更多研究人员采用受激辐射激光产生连续相干态作为连续光源。具体设计连续变量量子密钥分发系统时,要求连续相干光源提供稳定的输出功率,因此输出的功率抖动尽量要小,一般的 1 550 nm 窄线宽激光源模块可以满足需要。

为实现连续变量量子密钥分发系统连续相干脉冲光源的光路,常规的设计可采用波长为 1 550 nm 及 1 310 nm 相干光脉冲构成量子光源,其中 1 550 nm 作为量子光源的信号源,1 330 nm 光源作为时钟同步信号。光路调制后采用粗波分复用技术将 1 550 nm 量子光源与 1 310 nm 时钟同步光源复用后发送至量子信道[2]。

10.1.2 量子态制备

量子密钥分发系统中利用光子或者相干态携带的量子态信息来编码,实验中量子态的制备手段也有较为丰富的种类。其中单光子的偏振、相位、轨道角动量等都可以被用来进行编码,尤以偏振和相位编码最为常见;相干光的振幅、相位等也可以被用来进行编码。在设计量子密钥分发系统时,不同量子密钥分发系统对载体种类和编码方式的要求不同,在量子态的制备过程中应有针对性。

1. 量子偏振态的制备

在偏振编码的系统中,通常会利用多个激光器与被动的偏振分束器,以及偏振无关分束器制备 4 个量子偏振态。

2. 量子相位态的制备

在相位编码系统中,通常利用马赫增德(Maeh – Zender,MZ)干涉仪、调相器产生相移,形成不同的量子相位态。

3. 量子振幅态的制备

在振幅编码的系统中,通常会利用电光幅度调制器加载高斯相干态的幅值信息,从而塑造需要的量子振幅态。

4. 量子轨道角动量态的制备

在轨道角动量编码的系统中,通常会利用螺旋相位面、圆形相移阵列、螺旋反射和金属表面等,引入相位延迟把平面波转化为设计者想要的螺旋相位分布,从而产生带有不同模式的轨道角动量态。

10.1.3 量子信道和经典信道

量子密钥分发系统的信道一般有两类:一类是量子信道,用来传输编码的量子态。另一类是经典信道,用来作经典消息交互以完成后处理等操作(此处只关心密钥分发过程,不涉及一次一密之类的加密应用过程)。不管是量子信道还是经典信道,在分析量子密钥分发系统的安全性时,设计者不能对信道做任何可靠假设,因为窃听者可能获取信道的所有信息。经典信道传递经典信息,此处暂且不进行分析。量子信道传递量子态,根据传输介质的不同,主要分为光纤信道和自由空间信道。

1. 光纤信道

现实生活中基于光纤的通信系统已经较为成熟,从量子密钥分发系统的角度来看,如果能够兼容经典通信,那么会使未来基于量子密钥分发的应用更加广泛。光纤信道对量子密钥分发系统存在影响:由于随机散射过程等因素,光纤损耗程度不但与距离存在相关关系,而且更与波长和光纤本身材料有关,在设计中需要考虑。以目前的技术,标准单模光纤在通信窗口 1 550 nm 的衰减系数降低到了 0.2 dB/km,超低损耗光纤的衰减系数甚至可以降低至 0.16 dB/km,可供设计选择。

2. 自由空间信道

尽管基于光纤的通信应用非常广泛,但不是任何地方都可铺设光纤。因此,发展自由空间光通信对构建融合量子通信的全球化通信网络有着重要意义。当将大气视为光学信道时,通常需要考虑大气环境对系统的影响。因为大气环境会影响发射和接收装置的选择,并且一些大气效应对系统设计有直接影响,比如太阳背景辐射等。与使用光纤相比,在自由空间上的传输也具有一些优点:自由空间信道基本上是非双折射的,对偏振影响非常小;在大气窗口(780~850 nm 和 1 520~1 600 nm)中,如果天气状况较好,则光衰减系数可以较为理想地支撑量子密钥分发的过程。

10.1.4　量子态探测

在探测端,到达的光子脉冲在不同自由度上拥有不同信息,可由一系列解码装置来解码。经过解码装置,光子脉冲最终会被灵敏的信号探测器所探测。相对于在经典通信较为成熟的编解码光学器件,多数光子脉冲探测器算是量子技术发展的产物,其性能也从一定程度上决定着整个量子密钥分发系统的好坏。此处针对性地选取单光子探测器和零差探测器做介绍,满足较为普遍的设计选择。

1. 单光子探测器

如第 7 章所述,目前能够探测单光子量级的器件有很多,包括光电倍增管、超导转变边缘探测器、超导纳米线单光子探测器、雪崩二极管、参量上转换探测器等。目前应用较为广泛的是铟镓砷雪崩二极管单光子探测器和超导纳米线单光子探测器。

铟镓砷雪崩二极管在高于击穿电压的反向电压下工作,在探测到光子时,其会产生电子雪崩来表达检测光子的信息。设计师一般选择 20%~60% 探测效率的基本款探测器,组合自行设计的后脉冲抑制电路,从而构成单光子探测。为了实现更高的量子效率,特别是更低的暗计数率,研究人员已经开发出超导纳米线单光子探测器。入射光子破坏纳米线中的库珀对,其将超导临界电流降低到低于偏置电流,从而产生可测量的电压脉冲[1]。对探测效率和暗计数率要求较高的系统可选用超导纳米线单光子探测器进行信号探测。

2. 零差探测器

零差探测器可以精确地直接测量量子态的正交分量,进而通过数值计算方法得到用于描述量子态的准概率分布函数和密度矩阵。零差探测器本身就是一个放大器,可以放大待测态正交分量测量值,还可以非常好地抑制来自本地振荡光的散粒噪声,便于测量非常微弱的信号。零差探测器在连续变量量子密钥分发系统中应用较为常见。

零差探测器在量子密钥分发系统设计和应用时需要注意精确校准。精确校准又可以分为延时校准和分光比校准两部分。

延时校准使经过分束器干涉后两路光信号同时到达探测器中的二极管,完成光电转换。如果两路光到达存在着一个时间差,则在差分输出后两个光电流无法完全抵消,输出的电脉冲存在着错位现象。这种错位现在在信号光平均光子数很多的时候(200 个左右)还能够忽略,但是在光子数比较少的时候就体现得非常明显,即在干涉图样上存在着一个固有的脉冲无法消除。因此延时校准的效果直接影响探测器在低光子水平的检测精度。

除了延时校准外,分光比校准也是非常重要的一个问题。在理想状态下认为分束器的分光比是 50∶50,但是实际上的分束器无法做到如此高的精度。通常的商用器件的误差在 50∶50 的正负 3% 之间,因此需要做分光比校准,即通过略微调节分束器输出的光纤接头与探测器的接口松紧程度,使平衡零差检测输出的最终正负脉冲平衡[3-4]。

10.1.5 后处理

由于环境噪声、器件不完美性、窃听者等因素,会导致密钥分发收发双方存在一定的错误率,为了保障通信正常的运转,往往需要纠错和保密放大等过程。

1. 纠 错

有许多纠错协议可以成功地纠正筛选密钥中的错误。有些具有递归结构,这意味着它们需要多次迭代来纠正所有错误,比如 Cascade 和 Winnow 方案。其他的具有非递归结构,这意味着它们仅需要一次迭代并且所有错误都被纠正,比如 LPDC 码和 Turbo 码。下面以 Cascade 方案为例进行介绍。

通信双方分别将密钥分为两块。如果 Alice 的第一块密钥是 1101,则其奇偶校验值为 1。而 Bob 的第一块密钥是 1101,其奇偶校验值也为 1。这种情况是没有误码的(也有可能发生偶数个比特翻转,这种情况较少,当然也有针对的办法,此处不再赘述)。然后,如果第二块密钥 Alice 的 0101 与 Bob 的 1101 不同,则校验值也不一样,可以断定这里面存在错误比特。因此,Alice 将 0101 继续分为两块,01 和 01,而 Bob 则将 1101 分为 11 和 01。再做奇偶校验,就会发现错误。可以看出,只要通过多次分块纠正,通信双方就可以拥有相对一致的密钥的。目前已有大量的工作来评估这些方法的相对效率。但是,每个协议都有优点和缺点,需要针对具体场景或者窃听手段来选择合适的纠错协议[1,5]。

2. 保密放大

由于密钥交换和纠错过程会导致信息泄露,所以需要更进一步压缩窃听者可能已经获取的信息量,也即所谓的保密放大。窃听者已经窃取的信息量与其所使用的窃听策略以及通信双方使用的纠错方案有关。保密放大是用哈希函数来处理密钥,所应用的哈希函数是从哈希函数族中随机选择,即使窃听者获取了部分信息,如果其试图计算这个哈希函数,便会在其密钥版本中引入错误。

10.2 "plug&play"量子密钥分发系统

自 1999 年首个量子密钥分发实验在 30 cm 的空间完成之后[6],量子密钥分发的实验和实用化研究不断发展,较典型的离散型系统方案有"plug&play"量子密钥分发系统、基于时分 MZ 干涉仪的量子密钥分发系统、基于迈克尔逊-法拉第干涉仪的量子密钥分发系统等。本节介绍"plug&play"量子密钥分发系统的结构框架,该系统在长距离传输过程中具有能够对偏振色散和相位抖动进行自动补偿,通信传输的稳定性基本上与长距离光纤所处的环境无关等优势[7-8]。"plug&play"量子密钥分发系统最早是由瑞士日内瓦大学和 IBM 实验室分别独立提出的光纤量子密钥分发方案。

10.2.1　"plug&play"量子密钥分发方案

此处举例的"plug&play"量子密钥分发系统采用了相位编码 BB84 协议,其光学部分总体结构如图 10-2 所示。系统采用双向结构补偿相位漂移,利用法拉第反射镜补偿偏振抖动[9]。通过单光子干涉路径的不同解析出其加载的相位信息,根据不同路径上单光子探测器的响应情况分析收发双方选用的制备基和测量基,从而完成密钥筛选。光纤信道选用了两根单模光纤,其中:一根用作传输单光子的信道,另一根用作传输同步信号和经典信息的信道。区分不同用途光纤是为了避免经典信道中强光对单光子信道的干扰。

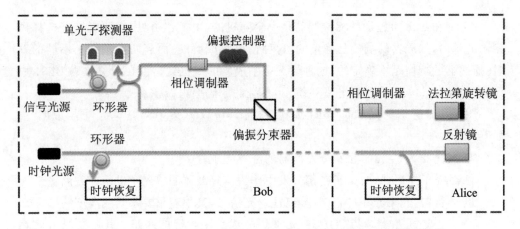

图 10-2　相位编码 **BB84** 协议的**"plug&play"**量子密钥分发系统光路[7-9]

相位编码 BB84 协议的"Plug&Play"量子密钥分发系统成码过程如下:

① Bob 发送光子脉冲,经过不等臂的干涉仪后分为"快""慢"两路,并通过偏振分束器(PBS)调制为相互正交的偏振态。

② 光子脉冲经长距离光纤后到达 Alice 端,Alice 只对其中的"慢"光进行相位调制。

③ 经过法拉第旋转镜后,"快""慢"光子脉冲反射并且互换偏振态。

④ 互换偏振态后的光子脉冲经长距离光纤后到达 Bob,由于偏振态改变,"快"光将改走长臂,而"慢"光改走短臂。其中 Bob 只对"快"光进行相位调制。

⑤ "快""慢"光子脉冲同时到达耦合器,发生干涉,根据 Alice 和 Bob 施加的相位调制信息不同,光子干涉后将具有不同的传输路径[7-9]:单光子干涉的特点是自身与自身的干涉,干涉的结果表现为路径的选择不同,光子在来回两个方向上经过了两次相位调制,最后在耦合器(环形器右方的交叉点)上发生干涉,干涉后单光子的路径由施加的相位调制的差值决定。

⑥ 当路径确定后,路径相位差的不同会决定探测器的响应:当两条路径的相位差为 0 时,单光子探测器 1 将会响应;当两条路径的相位差为 π 时,单光子探测器 2 将会响应;当两条路径的相位差为 $\frac{\pi}{2}$ 时,单光子探测器 1 和 2 各有 50% 机会探测到光子;当两条路径的相位差为 $\frac{3\pi}{2}$ 时,单光子探测器 1 和 2 也各有 50% 机会探测到光子。

⑦ Bob 通过经典信道将相位调制器所加载的相位信息传递给 Alice(公布检测基)。Alice 利用协议选用的方法进行筛选,然后将有效编码的位置信息返还给 Bob。最后 Bob 根据 Alice 返还的位信息及对应的探测器响应信息即可得到相应的密钥信息。

Alice 和 Bob 所施加的相位调制是完全随机的,由上述可见,当两者恰好选择了相同的基时,探测器的响应是确定的,这种情况是成码的;而当两者选择了不同的基时,探测器的响应是不确定的,这种情况是不成码的。也就是说在相位编码 BB84 协议的"plug&play"量子密钥分发系统中,系统的成码率为 50%。

图 10-3 所示为光学部分的细节结构图,协议方案中分立单元功能说明[8-9]如下:

① 激光器,产生量子密钥分发所需的准单光子。

② 单光子探测器,对量子密钥分发中作为信息载体的单光子进行计数测量。

③ 环行器,光无源器件,有效分离往返光信号,其中着重要求其隔离度的指标。

④ 50:50 分束器,可以将入射光平均分成功率相等的两路。其中要求分束精度、偏振相关损耗、插入损耗等指标满足设计要求。

⑤ 相位调制器,实现高速相位调制。其中要求插入损耗、半波电压满足设计要求,并且允许相互正交的光都能通过相位调制器。其驱动介绍见相位调制模块。

⑥ CLK,1 550 nm 时钟信号探测器。

⑦ 法拉第反射镜,通过法拉第磁光效应使反射光相对于入射光偏振旋转 90°,其中要求精度满足设计要求。

⑧ 偏振控制器,通过挤压或旋转光纤调节信道中的光偏振,使其与相位调制器的主轴对准,并使其以最大偏振对比度通过偏振分束器。使用高品质的手动偏振控制器。

⑨ 偏振分束器,实现对慢光和快光的偏振态初始化和反射后的路径选择。偏振分束器的偏振对比度是误码率的形成因素之一,因此需使用高品质的偏振分束器,偏振对比度应大于 99%。

⑩ 长距离单模光纤,指标应满足设计要求。

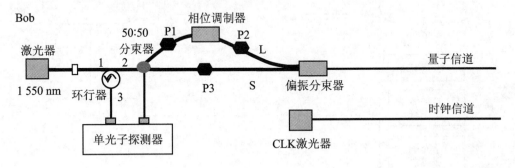

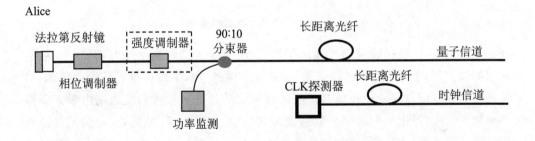

◼ FC接口; ☐ SC接口; —— 单模光纤; ⬢ 偏振控制器

图 10 - 3　光学部分结构细节图[8-9]

10.2.2　"plug&play"系统主要组成和工作流程

一般性的"plug&play"量子密钥分发系统中的系统总体结构如图 10 - 4 所示,完整的量子密钥分发过程分为两个层面:一是传输单光子的量子信道,通过将信息加载到单光子实现安全的密钥分发;二是传输筛选信息和码位信息的经典信道,用于密码本生成的筛选和校验,将信息通过加解密处理,可以实现安全的信息传输。

系统运作时各模块的控制和调配均由控制模块完成。控制模块由控制芯片和

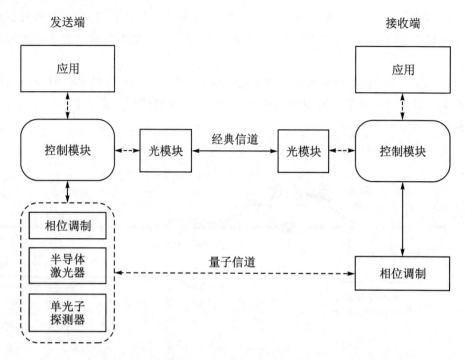

发送端   接收端

图 10 - 4　系统总体结构图

外围电路组成,用以保障控制线程的正常工作,完成通信数据存储等功能。在控制系统的操控下,半导体激光器发射光子,衰减为单光子水平后在量子信道中传输,并接受发送端和接收端的相位调制。经过调制的单光子信号回到发送端由单光子探测器检测,并通过控制模块完成数据采集和处理。半导体激光模块、相位调制模块和单光子探测模块即组成量子通信系统中的量子信道。而经典信道是由控制部分高速光模块实现,在光纤信道中传输高速数字信号,主要用于密钥生成时的筛选和比对,对初始密钥的后续处理等。量子信道和经典信道的协同工作可最终实现安全的量子密钥分发,在通信双方生成相同的密码本。密钥生成后即可用于对明文的加解密,并通过通信信道进行传输。密钥可以通过数据接口上传,或者直接用于对应用平台的加密,根据成码率的快慢,可以对数据甚至视频信号进行加密,加密采用"一次一密"的方式,保证过程的可靠性。

　　以一次完整的密钥产生和应用为例,系统总体工作流程如图 10 - 5 所示。双方首先通过经典信道进行握手以确定各自终端的工作状态,当双方宣布系统自备好后,Bob 发送一段单光子脉冲序列,这段序列在量子信道中将先后被发送端和接收端进行调制,最后被单光子探测器接收。双方依据调制的情况和单光子探测器的响应结果在经典信道中进行密钥筛选、比对和纠错后,得到相同的密码本。这段密码本即可用于对应用数据进行加密从而实现信息的安全传输。通信系统的数据处理以数据包为单位,系统每次处理一定长度的数据,上一段数据处理完成后再开始下一段数据操作。

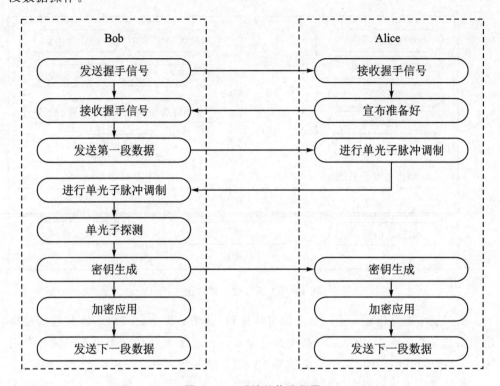

图 10 - 5　系统总体流程图

10.2.3　结构层级划分和模块功能

系统的功能架构如图 10 - 6 所示,一般可分为两个层级:物理层、系统层。

物理层主要包括三个信道:数据通信接口(通信信道)、量子通信接口(量子信道)和经典通信接口(经典信道)。

系统层包括主控子系统、密钥生成子系统和加/解密处理子系统三个子系统:其中主控子系统负责整体流程的管理和功能监控,由控制芯片完成;密钥生成子系统包括随机数产生模块、激光器模块、协议实现模块、密钥筛选模块、单光子探测模块、相位调制模块和量子密钥管理(存储)模块;加/解密处理子系统包括数据处理模块、算法处理模块、存储模块、通信模块和时钟同步模块。

安全管理模块和监控管理主要用于对密钥生成和密钥应用过程中的安全保障和安全监测,并及时给出报警。

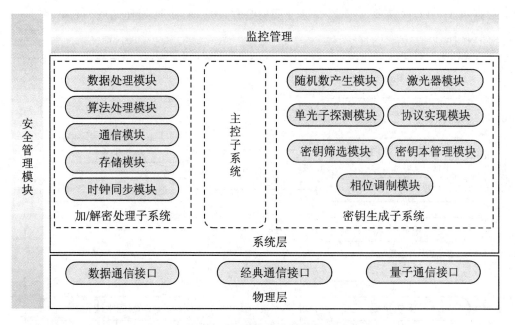

图 10 - 6　系统功能架构图

物理层主要是指量子通信系统的对外接口,其中数据通信接口和经典通信接口使用高速光通信模块,用以实现高速数据交换。而量子通信接口为单光子信号专用接口,通过单模光纤接口实现信道从量子密钥分发装置到外部长距离光纤的连接。

系统层用于完成密钥生成和密钥应用等主体任务,按照功能可划分为主控子系统、密钥生成子系统和加/解密处理子系统三部分。其各分立模块的功能如下:

主控子系统是量子通信系统的控制核心,由控制芯片负责管理,主要功能是实现量子密钥分发的流程控制、量子密码储存和管理、应用层面和量子密钥的数据连接。此外主控子系统还负责协调各部分的运转和正常工作,负责对设备进行自检,为监控管理系统提供信息、故障通报,以及实现上位机对系统进行控制和管理等。

随机数产生模块利用一定的量子物理手段产生极高品质的随机数,用于管理量子密钥生成过程中调制信号的加载顺序。随机数的产生和管理均由主控系统控制,它的随机性决定了整个量子密钥分发过程的安全基础。

激光器模块用于提供量子密钥分发过程中的信息载体——单光子脉冲信号,外部触发通过主控子系统控制。激光器输出光信号经过模拟信号处理和放大实现脉冲宽度很窄的光子信号输出,该信号经衰减后作为单光子信号源。

单光子探测模块的功能是对单光子信号进行接收,由于密钥分发过程中采用了单光子作为信息载体,因此对单光子信号的探测就成为决定系统性能的关键器件之一。一般可以采用工作在盖革模式的雪崩二极管组合相应的处理电路构成单光子探测装置。

协议实现模块针对光学系统,通过合理的光路设计和光学器件的连接,实现对单光子的操作,从而完成密钥产生所必须的协议实现过程。

相位调制模块实现对光信号的相位调制,完成量子通信中的编解码流程。

密钥筛选模块的功能就是根据这些记录的结果进行测量基的比对,比对过程通过通信双方的高速光模块进行,经过特定次数的信息交换和校对后实现量子密钥生成。

时钟同步模块是利用强光脉冲的产生和恢复,并采用在经典信道中的波分复用等方法,实现 Alice 端和 Bob 端的时钟同步。时钟信号将用于驱动随机数产生模块,驱动激光器模块,触发单光子调制信号,以及提供给单光子探测模块用于对单光子信号的捕获和探测。

量子密钥管理和存储模块由主控子系统控制,通常采用 FIFO 的管理模式,当需要对明文数据进行加密或解密时,主控子系统将按序对密钥进行抽取调用。

通信模块在发送端和接收端之间建立起高效的数据通信信道,用于密钥应用过程中的数据传输。

算法处理模块负责执行密钥对明文加密过程中的算法处理。

10.3　基于连续变量的量子密钥分发系统

基于连续变量的量子密钥分发系统最突出的特点是其从光源产生到光信号探测,均不以单个光子的制备和测量作为基本,这从一定程度上缓解了人们对单光子制备和操控的压力,也可提高现有通信系统与量子通信的兼容性,部分相关研究人员希望以此打破量子通信系统实用化壁垒,促使量子通信的实用能力植根于现有通信系统架构。

10.3.1　基于连续变量的量子密钥分发方案

目前,基于连续变量的量子密钥分发方案逐渐丰富起来,此处举例的连续变量量子密钥分发系统的总体结构如图 10 - 7 所示,方案由两类线路串联构成,实线代表光信号走的线路,虚线代表电控制信号走的线路。Alice 选用随机数发生器产生的随机序列对光信号进行随机调制,于是将信息调制在光信号的振幅 A 和相位 ϕ 上,在复平面上对应着正则位置 X 与正则动量 P,可以描述为

$$X = A\cos\phi$$
$$P = A\sin\phi$$

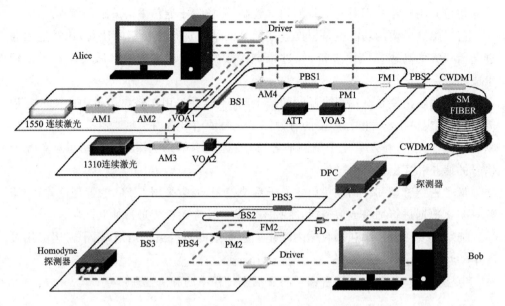

图 10-7　连续变量量子密钥分发系统的总体光路图[3]

设计应考虑随机数的品质,一般由量子随机数发生器产生,结合控制核心进行调制。由于控制核心本身的信号输出幅度可能不足以达到强度调制器和相位调制器的半波电压,因此实际实现时通常采用一个电信号放大器来对其进行驱动放大。通过适当地调整放大器的增益使其达到合适的放大电压。

连续变量量子密钥分发过程简述如下[3,10]:

① Alice 将调制好的量子态发送到光纤量子信道中,通过长距离的单模光纤传输后到达 Bob 端。

② 在 Bob 接收前端有一个动态偏振控制器(Dynamic Polarization Controller, DPC),用来校正经过长距离光纤传输后的偏振失配。经过偏振校正后,光信号进入 Bob 端。

③ Bob 端随机地选择测量基($\theta = 0, \pi/2$)对接收到的光信号进行零差(Homodyne)检测并用可编程逻辑电路采集数据。

④ 将采集到的数据发送到计算机中。Bob 的计算机把得到的数据通过经典信道和 Alice 的计算机进行通信并比对。

⑤ 经过纠错和保密增强步骤之后即可得到最终的密钥。

10.3.2　关键模块设计

1. 光源模块设计

采用连续激光经幅度调制器（Amplitude Modulation，AM）调制的方式来产生有效的光脉冲，设计方案如图 10-8 所示。中心波长为 1 550 nm 的激光通过两个高消光比的幅度调制器 AM1 和 AM2，每个强度调制器的消光比都大于 40 dB。为了获得具有高消光比的脉冲激光，系统分别在这两个调制器加载高低电平的电脉冲信号，并适当调整偏置电压，使得调制器在高电平的时候让光通过的功率最大，在低电平的时候让光通过的功率最小。

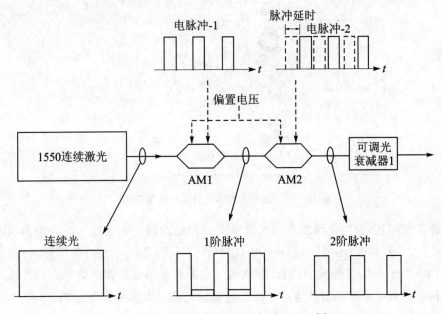

图 10-8　脉冲相干光源模块的结构图[3]

电脉冲信号由高速任意波形发生器产生，由于输出的波形幅度比较小，经过第一个调制器调制后，光脉冲在本应该为 0 的位置仍有少量功率残留，残留部分的峰值功率大小比脉冲部分的峰值功率约低 40 dB，这种现象主要是由于幅度调制器的消光比不足引起的。在连续变量量子密钥分发系统中，通常本振光都要比信号光高 70 dB 左右，因此只经过一个 AM1 来切消光比为 40 dB 的脉冲是不够的。为此需再接入了一个同样型号的 AM2 来再一次切脉冲，这样经过两个 40 dB 的高消光比调制器切割之后，最终可以产生消光比约为 80 dB、功率稳定的脉冲相干光，并以此作为连续变量量子密钥分发系统的光源部分。

2. 发送端光路结构

Alice 端内部光路系统结构可以如图 10 - 9 所示。为了最大化降低 Alice 光路内部的扰动,提升系统的稳定性,系统设计可采用保偏光纤和单模光纤混合的结构。上虚框内的器件全部采用保偏光纤,下虚框内的器件全部采用单模光纤。

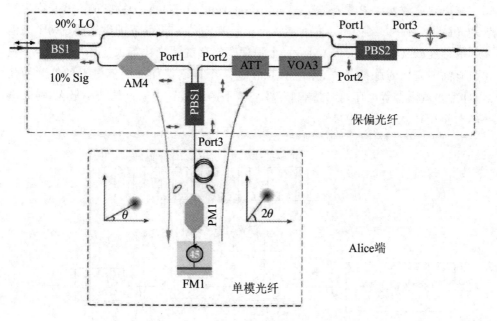

图 10 - 9　Alice 端内部光路系统结构图[2-3]

为简化描述,假定光源发出的光是水平方向的线偏振。通过光纤分束器(Beam Splitter,BS)分成本振光(Local Optics,LO)和信号光(Signal,Sig)两部分,分光比为 90:10。由于 BS1 是保偏的,因此分束后的本振光和信号光都保持与入射光相同的线偏振态。其中本振光直接通过一条短的保偏光纤进入偏振分束器 PBS2 的 Port1,由于光信号的偏振方向与 PBS2 的 Port1 偏振态通过方向一致,因此本振光可以直接从 PBS2 的 Port3 出来。信号光首先经过强度调制器 AM4 调制幅度信息,然后进入到另一个偏振分束器 PBS1 的水平偏振端 Port1。从 Port1 出来的信号光通过一条单模光纤、相位调制器 PM1 和法拉第镜 FM1,并最终返回 PBS 的 Port3。由于所使用的相位调制器是偏振无关的,因此在这个往返的过程相位可以被调制两次;同时,这种往返式结构可以有效地对单模光纤这一段光路上的相位漂移进行自动补偿,因此采用此种结构的光路系统更加稳定。

在经过法拉第镜反射后,光的偏振态旋转了 90°,从水平线偏振变为垂直线偏振,这样就可以保证从 PBS 的 Port2 口出来的必定是垂直偏振态。信号光最后通过一个固定衰减器 ATT 和可调光衰减器(Variable Optical Attenuator,VOA)衰减到量子水平,然后进入 PBS1 的 Port2 端,与之前通过 Port1 端的本振光通过时分复用和偏振复用的方式一起进入光纤量子信道中传输。复用后的量子密钥分发信号,其本振光与信号光偏振态相互垂直[3]。

3. 接收端光路结构

接收端的结构与发送端结构有所不同。如图 10 - 10 所示,Bob 首先将入射光通过 PBS3 来分离成信号光和本振光两部分。为了完成双不等臂 MZ 干涉结构,接收端需要让信号光走短臂,本振光走长臂,并且通过精确熔接光纤来使 MZ 干涉仪的两个臂总长近似相等。

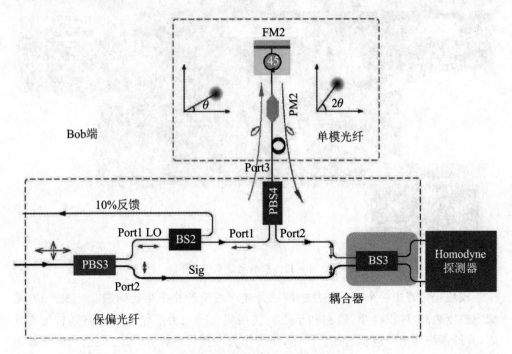

图 10 - 10 Bob 端内部光路系统结构图[3]

长臂除了有一个电光相位调制器 PM2 来完成测量基选择和相位补偿之外,还有一个法拉第镜 FM2 来完成偏振态的翻转,因此进入 BS3 的本振光和信号光的偏振方向是一致的。这样就可以使干涉的可见度达到最大。信号光与本振光干涉结果经过零差检测后,所得到的数据通过高速 FPGA 采集传入计算机中进行处理。

10.3.3 模块化封装及系统集成

为了最大化地降低空气流动和机械振动对系统光路的影响,设计者将光源部分、Alice 端的光路部分和 Bob 端的光路部分分别进行了模块化封装如图 10 - 11 所示。封装后的整个系统由光源模块、发送方模块(Alice)和接收方模块(Bob)这三个主要部分组成。将原本复杂且器件较多的光路系统集成到黑盒中,其中光纤部分被仔细地缠绕并且紧密地固定,以保证在工作状态中不会发生位置变动,有效地减小了由于振动和空气流动导致的系统相位漂移。

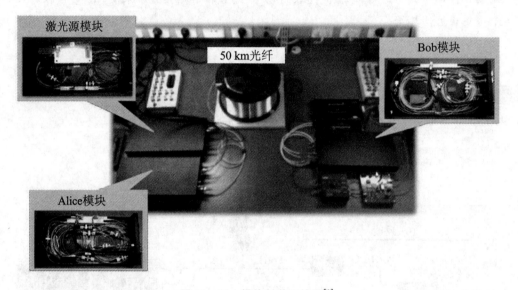

图 10 - 11　模块封装系统图[3]

模块化过程中一个值得注意的问题是光纤盘绕的曲率半径问题。一般来说,系统集成度越高,体积越小,就越利于走向实用化。因此为了使整个光路结构变得紧凑,光纤盘绕的圈径越小越好。但是,光纤作为一种传输媒介,其盘绕的曲率半径不宜太小,否则会产生较大的衰减。

10.4　星地量子密钥分发系统

包括前述系统,多数量子通信系统采用光纤作为传输信道,但因光纤的固定衰减特性,通信距离受到限制,而自由空间中基于卫星平台的星地量子通信或可摆脱光纤的束缚,成为构建全球量子通信网络的必选项。但星地量子通信系统也面临着新的问题:星地通信终端之间存在相对运动和链路扰动,且卫星平台也处于振动之中,所以设计者为了建立稳定量子通信链路,必须要有一个高精度捕获、跟踪、瞄准系统来支撑量子通信过程,该系统简称为跟瞄系统(Acquisition-Tracking-Pointing,ATP)。

10.4.1　星地量子密钥分发系统方案

基于 BB84 协议的星地量子密钥分发系统完整结构如图 10 - 12 所示,假设信号发射终端处于卫星平台上,接收终端放置地面。位于发射终端的 4 个光纤激光器经过特定方向的偏振调制后产生 4 种偏振态的光子,这 4 路光子经过分束器 BS 耦合在一起,再由同一出射光路发射;另一端,接收终端通过自身望远镜收集单光子,经过 BS 分光和偏振分束器 PBS 选偏后,使不同偏振方向的单光子进入对应的接收光纤中,由 4 个单光子探测器探测接收的光子总数,并通过处理器得到成码;在整个过程中,接收端和发送端的 ATP 系统始终精确对准对方并保持通信链路的稳定[11]。

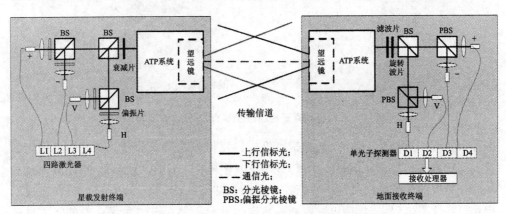

图 10 - 12　星地量子密钥分发系统结构图[11]

10.4.2　星载 ATP 系统设计

如图 10 - 13 所示,星地量子通信 ATP 系统的运行方式如下:
首先,通信双方的地面站终端作为发起方,卫星终端作为捕获方。发起方根据

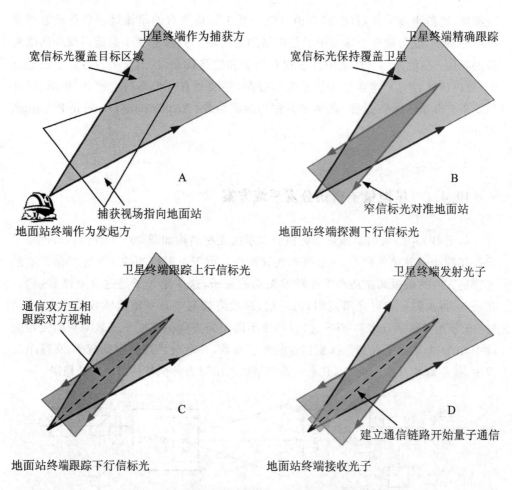

卫星终端作为捕获方

宽信标光覆盖目标区域

卫星终端精确跟踪

宽信标光保持覆盖卫星

A

捕获视场指向地面站

窄信标光对准地面站

地面站终端作为发起方

地面站终端探测下行信标光

B

卫星终端跟踪上行信标光

卫星终端发射光子

通信双方互相
跟踪对方视轴

C

D

建立通信链路开始量子通信

地面站终端跟踪下行信标光

地面站终端接收光子

图 10 – 13　星地量子密钥分发 ATP 系统工作流程[11]

星历表轨道预报捕获方位置,转动执行机构将宽信标光覆盖捕获方所处的不确定区域。捕获方同样根据地面站北斗或 GPS 数据计算发起方的大致位置,转动跟踪机构将捕获相机的视场指向发起方。当捕获方的探测器探测到上行的信标光,便完成了捕获。在这个过程中,之所以选取地面站作为发起方是由于卫星平台对能量需求的约束较为苛刻,提供较大发散角且足够功率的信标光代价较大,而地面站的约束相对较小。

其次,第一步捕获工作完成后,卫星终端的 ATP 转入跟踪状态,将上行信标光的光斑位置引入跟踪中心。然后瞄准发起方,发射发散角较窄的下行信标光。

再次,发起方探测到来自捕获方下行信标光,也进入跟踪状态。

最后,双方均各自跟踪对方视轴,卫星平台作为通信发射端发射具有偏振态的光子,星载平台的超前瞄准机构补偿由于终端间高速运动带来的超前偏差,将光子瞄准接收端。至此量子通信链路建立,并开始依据 BB84 协议展开通信。

　　根据上述 ATP 系统工作流程可见,系统需要解决捕获阶段大范围视场和跟踪瞄准阶段高跟踪精确之间的矛盾。为解决这一矛盾,国内外的设计者多采用复合轴控制方式,如图 10-14 所示,在大范围低精度的粗跟踪环内嵌套小范围高精度的精跟踪环。ATP 系统在运行时,它的粗跟踪模块根据入射光像点位置进行粗指向,在此基础上采用高精度快速倾斜镜及高频探测器进行精指向,以此建立和保持微弧度量级的链路;而超前瞄准模块则用来补偿由于卫星与地面站高速相对运动带来的附加瞄准偏差;信标光模块提供相互跟踪所需光源信号。

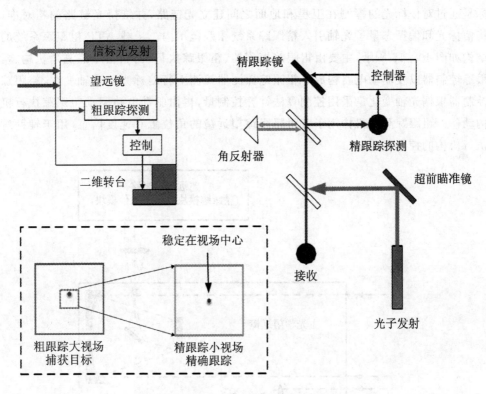

图 10-14　ATP 系统的构成[11]

　　星载 ATP 系统的功能组件主要包括粗跟踪模块、精跟踪模块、超前瞄准模块和信标光模块[12-13]。粗跟踪模块由粗跟踪相机实现对地面信标光的探测获得光轴位置信息,驱动执行机构(例如两维转台)实现望远镜系统对地面站光轴的粗跟踪,将光轴引入精跟踪模块的视场,具有大范围跟踪的特点;精跟踪模块位于望远镜后光路,由精跟踪相机探测获得光轴位置,控制快速指向镜进一步补偿粗跟踪系统的跟踪误差,使入射光轴精确地与系统光轴对准,具有小范围、高精度、高频响应的特点;超前瞄准快速指向镜在精跟踪基础上将出射光轴偏离入射光轴一定的计算角度,补偿由于目标飞行器高速飞行和光束传输延迟导致的角度偏差,实现目标飞行器高速运动下的精确瞄准。光子发射模块放在超前瞄准镜之后。粗跟踪探测、信标光模块与望远镜旁轴安装,但三者始终保持同轴[14]。

10.4.3 粗精跟踪系统设计

星载粗跟踪系统主要用于完成卫星和地面之间的捕获和初步的跟瞄任务,其目标是通过对信标光的探测在卫星和地面之间建立光链路,并维持光链路的粗对准,将信标光和偏振态量子光轴引入精跟踪系统跟踪范围内。星载 ATP 粗跟踪系统的结构如图 10-15 所示,主要由粗跟踪探测器、粗跟踪执行机构、粗跟踪测角机构、粗跟踪控制器以及驱动电路构成。粗跟踪探测器探测上行信标光的光轴变化,粗跟踪控制器根据光轴变化量采用控制算法计算控制量,再由驱动电路驱动粗跟踪执行机构动作。粗跟踪测角机构用于获得粗跟踪望远镜的角位置和速度信息,用于辅助对执行机构的控制。

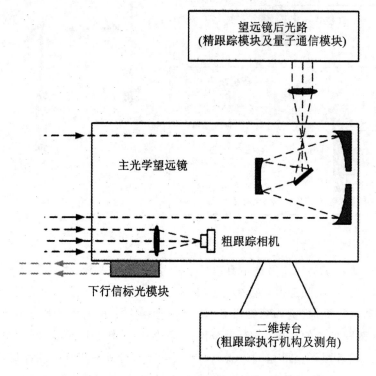

图 10-15 星载 ATP 粗跟踪系统结构图[11]

粗跟踪系统采用多环路控制的方案。多环路方案在控制领域被广泛应用,它将系统分解成多个环路,使用不同的反馈量分别进行闭环控制。以往的实践证明当内环闭环带宽为外环闭环带宽 10 倍左右时,内环可等效为外环的一阶惯性负载,调整好内环后可将其作为外环一个简单的负载,简化了外环调试难度。如此将整个负载系统分解为从内到外多环分别调节,既提高了控制精度,又减小了调试的复杂性。

如图 10 - 16 所示,设计中粗跟踪系统将内环电流环采集的实际电机三相电流作为反馈;速度环采用测角机构测量电机绝对角度,并差分求出电机速度信息作为反馈;位置闭环反馈由粗跟踪探测器对信标光在探测器阵面上的成像光斑位置提供。根据这些信息,跟踪系统实现对跟踪方位、粗跟踪电机的控制。

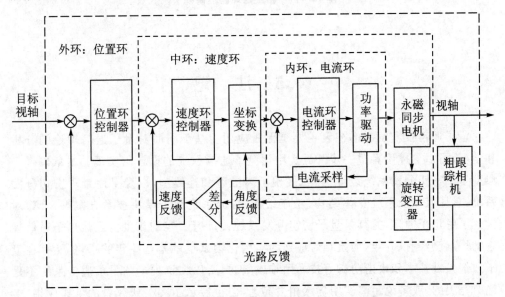

图 10 - 16　粗跟踪控制环路[11]

精跟踪探测器是整个 ATP 系统最终获得目标位置信息的组件,它的精度和探测速度决定着整个系统的性能,因此必须有高探测精度、高帧频的特点,目前主要的选择有四象限探测器(4QD)、CCD 和 CMOS 三种探测器。

星载精跟踪系统多采用数字控制的方式来实现如图 10 - 17 所示。望远镜接收到的上行信标光光束经过光路,被探测器探测。通信链路以及光路中存在各种干扰,因此探测器接收的光束存在扰动。精跟踪控制器根据探测器上光斑当前位置与预设跟踪点的偏差做闭环控制,计算得到的控制量再经过数/模转换模块(Digital-to-Analog Converter,DAC)转换成模拟量,由驱动电路驱动快速反射镜(Fast Steering Mirror,FSM)偏转,进而将信标光的光斑稳定在跟踪点附近。

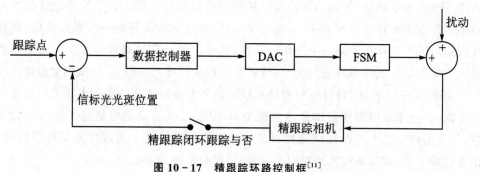

图 10-17　精跟踪环路控制框[11]

10.5　注　记

　　量子通信技术发展的初衷主要是保密应用。基于前面对量子通信理论的分析和学习,可以支撑读者进一步开展实用化量子通信系统的设计与实现。本章以 3 个典型量子密钥分发系统设计为例,展现了离散型和连续型,以及星地量子密钥分发系统,具体又涉及系统总体结构、功能结构、各分系统和子模块技术方案等,希望对读者了解量子通信,尤其是量子密钥分发系统设计有一定的帮助。虽然量子通信理论的提出已经有 30 年,但是相对成熟的实用化尝试也就是近些年的事,仍然存在量子通信关键技术和攻击防御等技术困难或威胁,所以本章列举的量子通信系统不是绝对完美的,或者说距离实用仍然相去甚远,但也展示了相关研究者的工作成果,未来量子通信系统仍然需要在各项技术发展的同时不断完善。

参考文献

［1］李亚平.基于光子偏振和轨道角动量的量子密钥分发实验研究［D］.合肥:中国科学技术大学,2019.

［2］董颖娣.连续变量量子密钥分发及认证技术研究［D］.西安:西北工业大学,2017.

［3］房坚.连续变量量子密钥分发的光路设计与方案研究［D］.上海:上海交通大学,2014.

［4］王云松.高速 Homodyne 探测器研制和应用探索［D］.南京:南京大学,2017.

[5] 唐光召. 测量设备无关量子密钥分发系统与网络实验研究 [D]. 长沙：国防科技大学，2017.

[6] Bennett C H，Bessette F，Zekri Fa D M S，et al. Experimental Quantum Cryptography [J]. Journal of Cryptology，1992，5(1)：3-28.

[7] 吴光. 长距离量子密钥分发系统 [D]. 上海：华东师范大学，2007.

[8] 吴光，周春源，陈修亮，等. 长距离长期稳定的量子密钥分发系统 [J]. 物理学报，2005(8)：3622-3626.

[9] 周春源，吴光，陈修亮，等. 50 km 光纤中量子保密通信 [J]. 中国科学：物理学力学天文学，2003(6)：538-543.

[10] Martinelli M. A universal compensator for polarization changes induced by birefringence on a retracing beam [J]. Optics Communications，1989，72(6)：341-344.

[11] 钱锋. 星地量子通信高精度 ATP 系统研究[D]. 上海：中国科学院上海技术物理研究所，2014.

[12] 罗彤. 星间光通信 ATP 中捕获跟踪技术研究[D]. 成都：电子科技大学，2005.

[13] 李祥之. 星间光通信高精度指向跟踪系统控制算法研究[D]. 哈尔滨：哈尔滨工业大学，2006.

[14] 杨彬. 自由空间量子通信技术的实验研究[D]. 合肥：中国科学技术大学，2012.

附录　常见英文对照

A

After-Pulse Effect　后脉冲效应

AM(Amplitude Modulation)　幅度调制器

ATT(Attenuator)　衰减器

ATP(Acquisition-Tracking-Pointing)　跟瞄系统

B

BS(Beam Splitter)　分束器

C

Control-Not Gate　控制非门

Collective Attack　集体攻击

Coherent Attack　相干攻击

Common Key　共同密码

Collective-Dephasing Noise　联合退相位噪声

Collective-Rotation Noise　联合旋转噪声

CSS　量子纠错码

Circulator　环行器

Calibration Attack　校准攻击

Saturation Attack　饱和攻击

Covariance Matrix　均方差矩阵

D

DQKD(Deterministic Quantum Key Distribution)　确定的量子密钥分发

Deterministic Secure Quantum Communication　确定安全量子通信

DLCZ(Duan-Lukin-Cirac-Zoller)　段等中继方案

Decoy State Method　诱骗态方法

Dead Time　死时间

Dead Time Attack　死时间攻击

Dark Count Rate　暗计数率

DPC(Dynamic Polarization Controller)　动态偏振控制器

DAC(Digital-to-Analog Converter)　数/模转换模块

E

EPR(Einstein-Podolsky-Rosen)　EPR量子力学不完备性悖论

Entangled State　纠缠态

Extinction Ratio　消光比

F

Fully Connected　全连接

FBS(Fiber Beam Splitter)　光纤分束器

FM(Faraday Mirror)　法拉第镜

FBT(Fused Biconical Taper)　熔融拉锥

FSM(Fast Steering Mirror)　快速反射镜

G

GHZ(Greenberger-Horne-Zeilinger)　大于两粒子的多粒子"非此即彼"最大纠缠量子态

I

Individual Attack　个体攻击

ILBED(Information Leakage Before Eve Detection)　信息前泄露

Intensity Modulator　光强调制器

Intercept-Resend Attack　截取–重发攻击

J

Jitter　抖动

L

Local-Hidden-Variable 局域隐变量

Local Realism 局域实在

LO(Local Optics) 本振光

LOCC-QSS 局部操作和经典通信下的量子秘密共享

Light Blinding Attack 强光致盲攻击

Linear Mode 线性模式

Geiger Mode 盖革模式

M

MDI-QKD(Measurement Device Independent QKD) 设备无关量子密钥分发

MPQSS(Multi-Party QSS) 多方量子秘密共享

MMQSS(QSS Between Multi-Party and Multi-Party) 多方到多方量子秘密共享

MZ(Maeh-Zender) 马赫增德干涉仪

N

NP(Non-Deterministic Polynomial Problem) 非确定性多项式难题

O

ODE(On-Site-Detection of Eve) 在线探测窃听者

OILBED(Obliteration of Information Leakage Before Eve Detection) 防信息前泄露

P

Product State 直积态

plug&play 即插即用

PNSA(Photon Number Splitting Attack) 光子分离攻击

Practical Security Analysis 实际安全性分析

Phase Modulator 相位调制器

Phase-Remapping Attack 相位重映射攻击

Partially Random Phase Attack 不完全随机化相位攻击

Q

QA(Quantum Authentication)　量子认证

QBER(Quantum Bit Error Rate)　量子误码率

QDS(Quantum Digital Signature)　量子数字签名

Quantum Gate　量子门

QKD(Quantum Key Distribution)　量子密钥分发

Quantum Volume　量子体积

Qubit　量子比特

QSS(Quantum Secret Sharing)　量子秘密共享

QSDC(Quantum Secure Direct Communication)　量子安全直接通信

QT(Quantum Teleportation)　量子隐形传态

Quantum Entanglement Swapping　量子纠缠交换

Quantum Dense Coding　量子密集编码

QRNG(Quantum Random Number generation)　量子随机数发生器

Quantum Efficiency　量子效率

R

RRDPS-QKD　循环差分相位量子密钥分发

RTD(Resonant Tunneling Diode)　共振隧道二极管

Radiant Sensitivity　辐射灵敏度

S

SQSS(Semi-QSS)　半量子秘密共享

Side-Channel Attack　侧信道攻击

SECOQC　基于量子加密的全球保密通信网络研发项目

Sig(Signal Optics)　信号光

T

Two-Step QSDC　两步量子安全直接通信

Teleportation　隐形传送

Time-Shift Attack　时移攻击

Time-Reserverd-EPR　纠缠态密钥分发

V

VOA(Variable Optical Attenuator)　可调光衰减器

W

WDM(Wavelength Division Multiplexer)　波分复用器

Wavelength Attack　波长攻击

Wavelength Filter　波长滤波器